跟著怪咖物理學家一起跳進黑洞

——一次搞懂當今最熱門的宇宙議題

多田將 著
陳嫻若 譯
徐毅宏 審訂

導讀

前台北市立天文科學教育館研究組長
徐毅宏

剛收到這本書的邀請email時，習慣性上網搜尋了作者多田將的訊息，第一眼看見的就是一位染著淡金色頭髮的男性；繼續搜尋下去，他專精的科學領域是高能物理中的基本粒子研究，而不是天文學或是宇宙學。也因此，不由得好奇地思考這位科學家，會用怎樣的方式將「宇宙」介紹給大家。

仔細閱讀，《跟著怪咖物理學家一起跳進黑洞》原本是由演講內容整理成書，因此「看」的方式也建議不必依照天文教科書的編排，依序閱讀；而是「跳」著看，先看完主要章節，再看後面的專題部分，會更有條理；也可以把專題部分抽離出來看，當作是專精知識的補充。

翻開這本書，從目錄就能夠感覺到不一樣介紹宇宙的方式。第一章的主題從普羅大眾最感興趣的「黑洞」開始，建議先跳過反物質的部分，隨著多田將博士從逃脫速度開始認識黑洞，再從歷史的關連引出相對論，了解從愛因斯坦架構的理論中，宇宙裡時間與空間的相互關係，與「重力」擔任的角色。

第二章的主題是目前最廣為接受的「大霹靂」，一個名字看起來有趣，但卻讓許多科學家絞盡腦汁的宇宙誕生理論。作者延續上個章節「重力」的話題，從蘋果與月球的掉落問題，隨著各式的科學思辯與證據，推論到連愛因斯坦都無法相信，宇宙正在膨脹的事實。現在大家熟知的事實「宇宙正在膨脹」，有著許多衍生的迷思：「地球是不是宇宙中心？」、「宇宙是不是有盡頭？」、「宇宙是不是有起始點？」、「宇宙的未來會怎樣？」，這些問題在這個章節裡將會被一一揭露解釋。但在末尾——最新的觀測證據顯示宇宙曾經減速，但目前卻呈現加速膨脹的敘述，卻讓宇宙又陷入令科學家迷惘的狀態。

第三章的主題是「暗物質」，一種目前無法確認，但卻強烈影想宇宙演化與狀態的存在。從觀測星系時，天體不正常運動狀態下的發現，到科學家想用不同理論解釋它，再到不同候選物質的驗證實驗，多田博士發揮了基本粒子的領域專精，娓娓道來。雖然最後出現另一個驚奇的存在——暗能量，卻能夠看到科學家追求解答的豐富想像力與契而不捨的耐心。

在前面三個章節的先備知識鋪陳之下，第四章將以倒敘的方式，慢慢描述「宇宙初生」的歷史，一直回溯到宇宙剛誕生的前 10^{-44} 秒時所發生的事。在閱讀這個章節之前，不妨先回到第一章的前半，先認識一下反物質再繼續，會有更完整的概念。回溯宇宙初期的狀況，其實也是回溯自然界四種基本力演化的歷程，也是科學界一個重要的研究方向，能完整描述四種基本力的大一統理論。

要如何呈現廣闊無垠的宇宙圖像？星際大戰系列電影為了要架構一個與我們所處世界完全獨立的時間與空間，片頭都是由「A long time ago in a galaxy far, far away……」開始引言，然後刻畫一個個吸引人的故事，這是科幻電影作者所採用的表達方式。

對於本書作者而言，想要傳達的是，人們對從沒到過的宇宙樣貌有什麼想法，而為了驗證這個想法，進行了什麼樣的觀測和研究，重複這樣交互的運用理論（想法）和實驗（觀測），從千頭萬緒中如何拼湊出圖像的過程本身的魅力。

每本書籍都有其不同的編排，但是卻很少有書介紹科學家為何想了解宇宙，為了了解又做了什麼樣的研究、研究出理論卻又一再被改寫。在科學領域裡，「結果」固然重要，但是更有價值的是如何獲得這些結果的「過程」。如何從「過程」中得到「科學」的思考方法和執行方法才是這本書想要闡明的重點，除了知識之外，讀完的您是否已經有所體會了呢？

序言

我不是宇宙專家。

我的專業是基本粒子物理學，目前在進行基本粒子裡的微中子研究。這本書是一本非專家所寫的「宇宙書」。

以前出版的宇宙相關書籍，大抵上都是由宇宙論（理論學者）教授執筆，很少由像我這種基本粒子物理學的人——而且不是「理論」而是從事「實驗」的人來撰寫。

那麼，為什麼這樣的人要寫宇宙書呢？

此外，一說到「宇宙」，坊間多會提到它訴諸於心靈或感情的魅力，像是「美麗」、「浪漫」、「讓人一時忘了為小事煩惱」來形容它。

但是，我對宇宙感覺不到任何浪漫主義，這種人真的可以寫「宇宙的書」嗎？

老實說，我在這本書裡想傳達的並不是宇宙本身的魅力，而是人類如何思考宇宙。

宇宙是什麼樣子？它是怎麼開始的？如何演化到現在這個模樣？我們現在在哪個時間軸上？話說回頭，為什麼宇宙會長成現在這個樣子呢……

面對這根本性的問題，人類利用科學來求出解答。但是具體上是怎麼一回事呢？

很多書都已仔細解釋了結果的部分——「我們對宇宙的了解已經有這麼多！」但是，卻很少有書介紹為了得到這個結果，人類到底做了什麼樣的研究。

關於宇宙的樣貌，人類有什麼想法，而為了證實這個想法，進行了什麼樣的觀測和研究，根據研究的結果又有了什麼樣的想法，為了證實新的想法，又進行了什麼樣的觀測和研究……先人們這樣交互的運用理論（想法）和實驗（觀測），不遺餘力的將他們自己都沒去過的浩瀚宇宙，做了這種程度的闡明。

我想藉這本書傳達的，其實就是這個過程本身的魅力。

「竟然有那樣的想法!?」「那樣的觀測可行嗎!?」等，這本書的目的是希望讓讀者為先人們成就的偉大功績，真心感到驚奇、感動。

既不是宇宙的專家，也不覺得宇宙浪漫的我，之所以要寫「宇宙書」的原因——只是因為我自己能用外行人的眼光，看到宇宙相關理論與實驗的偉大。

除了了解「結果（資訊與知識）」，如果還能說明該結果「是經由什麼樣的思考引導出來的」，讓大家實際體會到「科學的思考方法」那就太好了。

因為這個緣故，這本書嚴格來說，並不是「宇宙的書」，可以說是一本「描寫人類如何想了解宇宙，和如何做科學思考方法的書」。

科學的特徵在於「改寫」。

舉例來說，文學作品在完成面世之後，便不可以再改寫了。

但是，我們生存的這個世界，即使現在也還在進行中。所以我們並不是在所有故事結束之後，才觀看歷史。即使是現在這一刻，人類也在創造科學的歷史。

在科學領域裡，一再改寫以往被視為正確的理論，是極其自然的事（相信讀過本書之後，各位應會明白，它經常被改寫）。

所以，在這個科學世界裡，真正有價值的並不是成為知識或資訊的「結果」，而是如何獲得這些結果的「過程」。

結果被改寫完就結束了，但是過程並不是如此。從過程中得到的「思考方法」和「執行方法」不會白費，根據這些方法再次思考，就能發展出嶄新的「思考方法」和「執行方法」。

在科學裡，過程比結果更有魅力、更寶貴。

此外，這樣的過程不限於宇宙，是不是也能運用在思考各種事物上呢？若是能從一個單純接收知識的被動狀態，開始思考「我來做的話……」那麼，在你眼中，世上各種事物應該會變得更加鮮明活潑、栩栩如生才對。

這麼做的話，當然，各位今後在思索宇宙問題時，應該也能夠更深入的思考。

各位請不要忘記，歷史不是其他人，而是由你們每個人編織出來的，大家都是當事者。說不定下一個解開宇宙之謎的人，就是你。

當你抱著這個想法遙望宇宙，也許會湧出更多於「真美啊」的情感。

若是這本書有助於各位達到這個境界，那才是件羅曼蒂克的事，不是嗎？

這本書由四章組成，各章之間還有個小專題。專題會抽離主文，做更詳盡的解說，所以你也可以讀完全部的主文再看。

接下來，我們就趕緊開始吧。

目次

第二章 大霹靂

第三章 暗物質

明明存在卻捕捉不到的物質，該如何捕捉呢？——235

第四章 然後宇宙創造了——327

第一章

黑洞

空間與時間混合的地方

各位朋友，幸會幸會，我叫多田，請多指教。

今天也有些初次參與的朋友，所以我想先從我的背景談起。在日本茨城縣有個物理學的研究所，叫做高能量加速器研究機構（ＫＥＫ），該機構主要進行基本粒子物理學的研究。所謂的基本粒子，就是構成世上所有物質的粒子——也是無法再分解的終極粒子。這些粒子有好幾種，而我研究的基本粒子是微中子。

不久之前（二〇一二年夏），「很可能找到希格斯粒子」成了舉世矚目的大新聞。我們研究所也有許多人加入進行該實驗的「ＡＴＬＡＳ」團隊。

另一個有名之處是，我工作的研究所，是第一個將全球資訊網（World Wide Web, www）引進日本的單位。所以可以說，大家每天能上網瀏覽，是我們研究所的功勞。但是，原本那是為了讓物理學者之間交換實驗數據等資訊而開發的。精確的說，是一九九一年，剛才所說進行希格斯粒子實驗的研究所ＣＥＲＮ（譯注：歐洲核物理研究中心）開發而成。怎會想到短短幾年間，它已被用來觀賞色情網站等呢……（笑）。

好，從今天開始，我將在未來4次演講裡講解宇宙這個主題。其實由宇宙物理學者來講解，會比我這種進行基本粒子實驗的人更適合，但是，我在到KEK之前，也曾在京都大學當過講師，在那裡進行暗物質檢測等一般大眾聽起來的怪異實驗。若連研究生時期加起來，那段期間比現在工作的時間都要長。所以勉強也和宇宙沾上一點邊。暗物質的部分，我會在第三章講解。

什麼是反物質？

今天的主題是黑洞，不過在進入主題之前，有個知識我希望各位能先記在腦中，那就是「反物質」。了解了這個概念，待會兒等我談到霍金博士的時候，各位會比較好理解。所以，我想先稍微講講和宇宙無關的基本粒子概念。

「反物質」——你也可以叫它「反粒子」——是一種「質量或自旋都相同，但電荷相反的粒子」。光是這樣的解釋也等於沒有解釋，對吧？

我舉個例子吧。大家的身體都是由原子構成（圖1☞），原子是由電子和原子核（質子與中子）組成。如果把大家的身體打碎，就會變成電子、質子和中子了。但是，相對於「電子」有「正電子」這種物質，電子帶負（－）電，正電子帶正（＋）電，它就是電子的反物質，符合定義中「電荷相反的粒子」的規範。

相反的，「質子」的反物質叫做「反質子」。質子帶＋電，所以反質子相反，是帶－電的粒子。

它們各別都僅有＋或－與物質相反。除此之外，無論重量或是有什麼反應，都完全相同，只有電荷不同。

那麼「中子」也有「反中子」嗎？中子如同其名是「中性」的，不帶電。（圖1☞）「既然沒有＋或－，就沒有相反的電荷了。」但是中子（質子也是）並不是終極粒子＝基本粒子，它裡面還有東西，有結構。裡面是由夸克組成的。

現今還沒有發現比夸克更小的物質。夸克是終極粒子＝基本粒子，所以，你可以說大家的身體都是由夸克組成的，而夸克是帶電的。

圖1＊物質與反物質

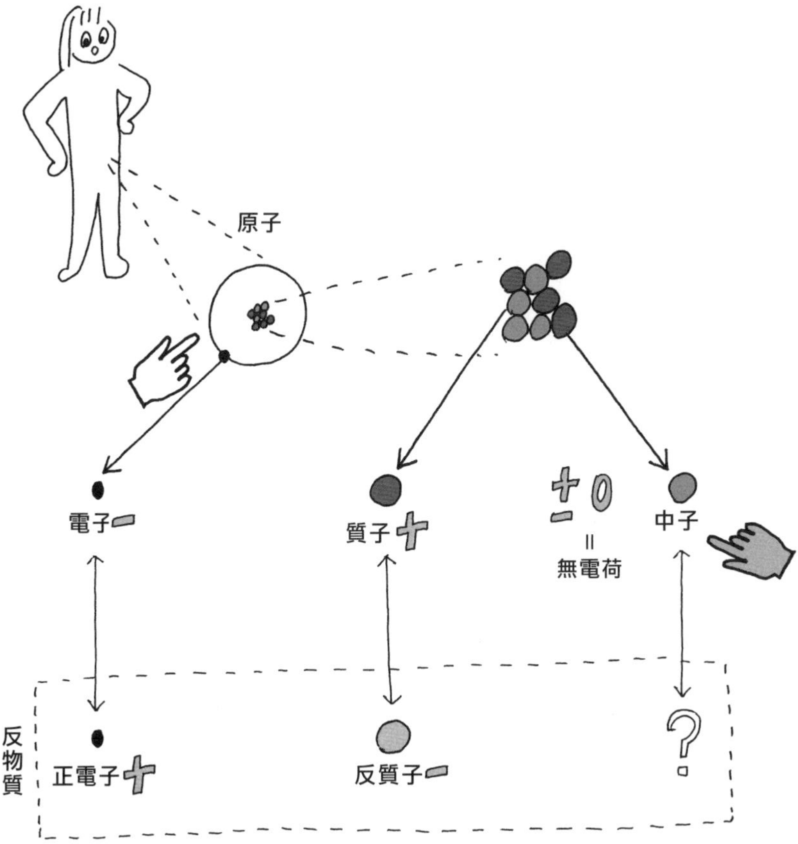

上夸克（u）是$+\frac{2}{3}$，下夸克（d）是$-\frac{1}{3}$，它們的$+\frac{2}{3}$、$-\frac{1}{3}$是相對於什麼呢？答案是「電子持有的電荷量」也就是「-1」。

把中子三個夸克的電荷相加，就等於零（☞）。所以中子本身處在不帶電的狀態，成為「中性」。事實上「反中子」裡面的夸克電荷全部相反，加起來也等於零。

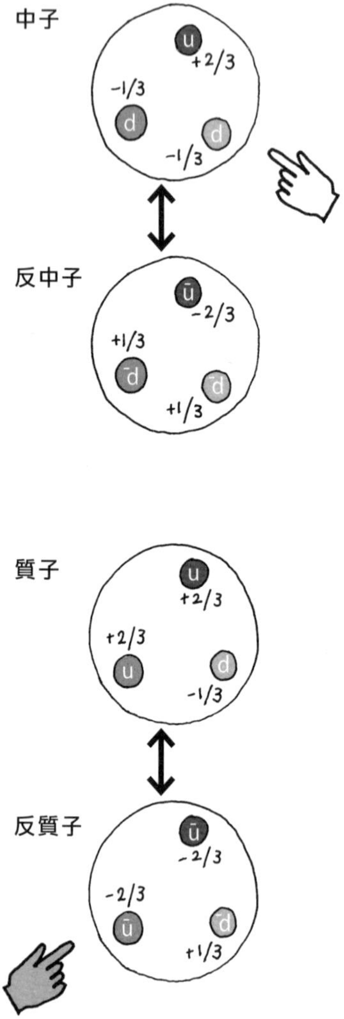

所以，反中子也是既非＋也非－的「中性」，乍看之下與中子相同，但是合乎「電荷相反的粒子」的定義。中子也有反物質，另外，質子的反物質「反質子」，說得詳細一點，就是其中夸克電荷是相反的（☛）。

反粒子畢竟是在基本粒子（夸克）的階段「相反」。「反夸克」集合起來成為「反質子」，進而成為「反氫」，最後變成反桌子或反人類。

湮滅與對生——物質與能量相互轉變

重點來了。粒子與反粒子不單只是電荷相反，如果兩者相遇的話，會發生某種可怕的狀態吧。

接觸的瞬間，兩個粒子會轉變成能量，這種情形就像爆炸。所謂的能量到底是什麼呢？是光。它是伽瑪射線，放射線的一種，會放出強光（能量）。

這叫做「湮滅」。因為它必須是粒子與反粒子——物質與反物質成對抵銷，所以又叫做對滅。

湮滅會產生多大的能量呢？在相對論中有個很有名的公式，$E=mc^2$——能量與質量的轉換公式，可以用這個公式計算出來。（圖2☞）。

舉例來說，想知道1公克的粒子與1公克的反粒子相撞會產生多大的能量——一公克就是一日圓硬幣的重量（就電子的個數來說，即是10^{23}個）——照這麼一算，它產生的能量，竟然相當於三顆投擲在廣島的原子彈爆炸那麼大。

這個過程簡直就是引爆微型炸彈嘛？所以，似乎有人想過利用類似方式把梵蒂岡炸掉……這就是小說《天使與魔鬼》的內容（也拍成了電影）。簡言之，只要少量就有驚人的威力，所以，也有人想把它用在恐怖攻擊上。只是，若想製造出1公克的反物質，就必須先製成反原子的形式，否則無法收集——只有正電子、反質子的話，同樣電荷會互相排斥——以今日的技術，恐怕得花幾億年時間才能做成。所以，一般來說，製造核子武器來發動恐怖行動容易多了。

接下來，我們從反方向來思考吧。這次換成擁有能量（圖2☞），伽瑪射線（光）。

圖2＊湮滅與對生

$$E = mc^2$$

能量　質量　光速

粒子與反粒子一旦相遇

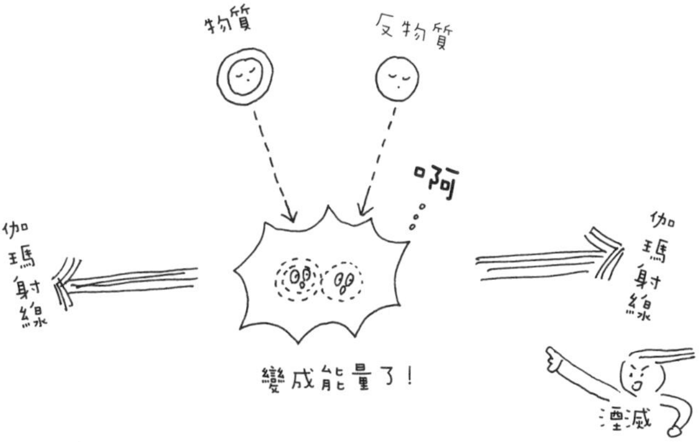

反之，有足夠能量的話

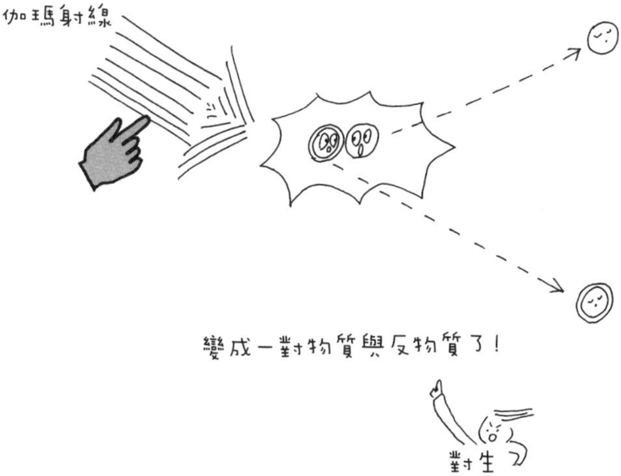

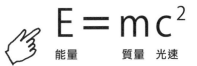

當這個能量非常龐大的話，就有可能轉變成粒子與反粒子。這種時候也是成對形成，所以叫做「對生」。

如果你問，需要多龐大的能量才行呢？這個也能用剛才的公式$E=mc^2$來計算。假設要組成一對電子與正電子的話，需要1兆電子伏特（MeV），這部分在後面的第四章還會談到，現在我只想請你們記住有湮滅與對生的現象就行了。

反物質用於臨床醫療上

既然難得提到了反物質，那就多說一點好了。

大家也許覺得反物質只在科幻小說裡出現，幾乎是不可能接觸到的物質，但其實它已被運用在產業之中了。

例如，有一種放射性碳同位素碳11（圖3☞），可以從原子爐製造出來。但是碳11大約20分鐘就會變為硼11。這時它會釋放出反物質「正電子」。製造這種反物質還滿簡單的，對吧。但是它得利用原子爐，所以我也不知道算不算簡單，不過它絕對不是科幻的世界。也不像剛才提到的炸彈那樣，需要很費力的大量搜集，這種只要少量就能完成，而且它也有使用的途徑。它可以用在什麼地方呢？

其實，現在醫療臨床上都正在使用。你們聽過一種叫PET的裝置嗎？

這種裝置是用來檢查——比如說大家在看電影時，大腦是用哪個部分來處理影像，掌握內容（也就是哪個位置較活躍）。

它運用了這種方法。

首先，在藥品（醫學用語叫做示蹤劑）中混入會產生正電子的物質——它叫做放射性同位素，類似剛才提到的碳11，然後讓使用者吃下這種藥。

人的大腦在活躍運作的時候，會大量消耗養分和糖——大腦用的能量比肌肉還多——假設用糖製造示蹤劑的話，示蹤劑會集中到腦部運作活躍的部分。於是就能放出正電子（如同剛才所說的碳11轉變成硼）。

大家的身體都是原子組成的，所以也有一大堆電子。當釋放的正電子遇上電子，發生湮滅轉變成能量時，各位的身體就會放出光——也就是伽瑪射線。

動量守恆定律——光會反射出來

這裡有個重點，物理學有個基本法則叫做動量守恆定律。依照這個定律，射出的伽瑪射線會以同樣的動量，往反方向射出。所以，如果預先在檢測者的大腦四周，擺好伽瑪射線檢測器，就能在有反應的檢測器和檢測器的對角線上，鎖定示蹤劑集中的位置，告訴大家：「大腦運作活躍的位置是這裡啦！」

如果想找出癌細胞的話，只要在容易聚集到癌細胞上的藥劑中混入放射性同位素，讓身體吸收，然後檢測伽瑪射線放出的位置，就能知道「啊，癌細胞在這裡！」

因為吃進的是放射性物質，當然對身體有害，不過量不多的話並不會有大礙。我們的身體本來就含有某種程度的放射性物質，所以，只要含量差距不大，就沒有問題，但吃的量若是太多，就會有危險。

圖3＊利用反物質的方法

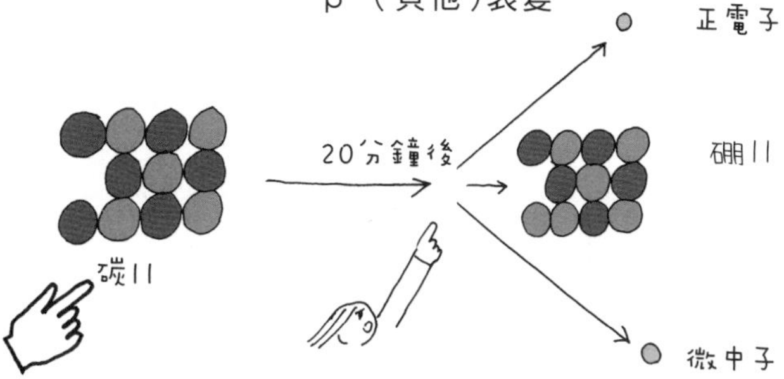

20分鐘後轉變為硼。
這時會釋放出反物質（正電子）

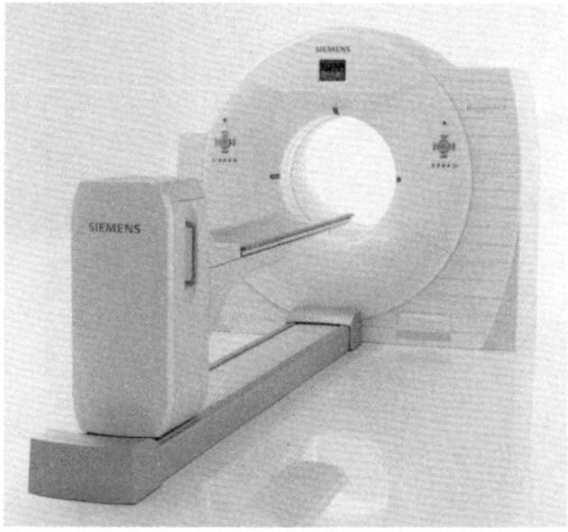

PET（Positron Emission Tomography）

照片提供：日本西門子公司

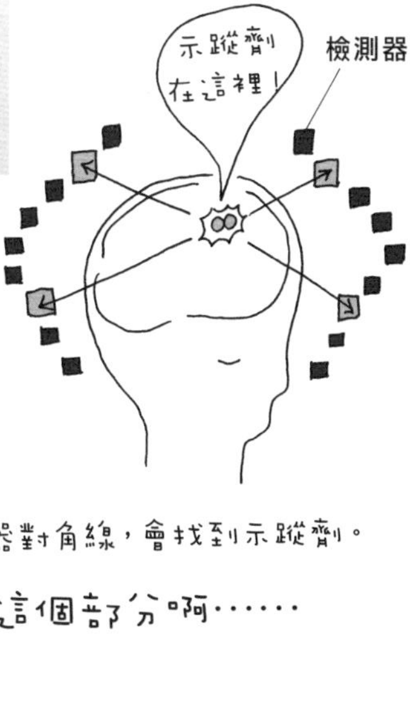

正電子（反物質）與電子（物質）相遇時，依照動量守恆定律，同樣動量的伽瑪射線會朝反方向射出。

因此可知有反應的檢測器對角線，會找到示蹤劑。

運作活躍的是這個部分啊……

南極的BESS實驗——搜集自宇宙飛來的反物質

有人問，反物質可以人工製造，那麼它也存在於大自然中嗎？舉例來說，有沒有反物質形成的星球——反物質星？如果宇宙的某個角落，真的有反物質星，或是反物質星系之類，由純粹反物質形成的天體，那麼，假設它與普通星球（物質）稍微相撞，那一瞬間，會產生驚天動地的爆炸。剛才也說過，1公克等級就能引起3顆投擲在廣島的原子彈的爆炸威力。所以一個星球等級的碰撞，那種威力更是無與倫比。

事實上，幾十年來，人類都在縝密的觀測夜空，如果發生那麼大的爆炸，我們一定會看到。但是，目前為止都還沒有看到過，所以一般認為反物質星並不存在。

但是，它會不會以更小的狀態——不是團塊，而是粒子狀態——在宇宙中飄浮呢？體積小，反應也會比較小，不仔細搜尋是不會發現的。

其實，人類從很早以前就開始進行搜集反物質的實驗，像是阿波羅計畫等都是。阿波羅計畫並不只是到月球上，留下腳印，帶了石頭回來而已。太空人在月球上還做了許多實驗。

搜集反物質是其中之一。他們用柔軟的鋁箔紙蓋在月球表面，過一段時間後再將它回收，然後調查附著在鋁箔紙表面的東西，或觀察反應的痕跡（一發現反物質就會反應），用以了解有什麼樣的粒子在宇宙空間飄浮。地球因為有大氣保護，這些粒子無法到達地表。但月球上沒有大氣，所以可以直接捕捉到宇宙間的粒子。

但是在那次觀測中，沒有得到太好的結果，所以，決定再花更多時間，做更精密的探測。若是每次為了觀測就到月球去，花費將是天文數字，所以改在地球附近進行。其中之一就是「ＢＥＳＳ實驗」。

科學家在南極上空用氣球將次頁的實驗裝置升上天空，收集宇宙飛來的粒子。高空中空氣稀薄，可以收集到比地表多相當數量的粒子。他們主要收集的是

BESS實驗裝置

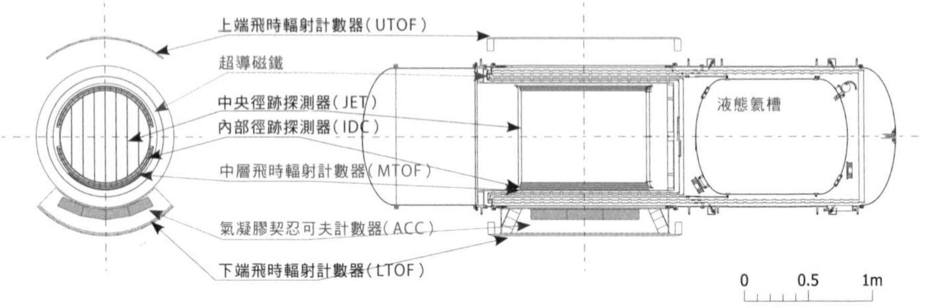

圖片提供：日美合作BESS－Polar實驗／KEK

氦和它的反物質「反氦」。可是收集到4800萬個氦之中，一個反氦都沒有。

從這個實驗得到的結論是：「宇宙中不太有反粒子……至少在地球附近沒有。」

以上雜七雜八說了一堆關於反物質的介紹，反物質的部分，我會留在今天的後半節再細說，不過，在第四章提到宇宙一開始發生了什麼事時，反物質也會是主要的重點，請不要忘了現在說的內容。

接下來，就進入今天的主題——黑洞吧。

圖4＊尋找宇宙空間的反物質

如果把地球壓縮成半徑8.9mm的粒子，就會變成黑洞

各位聽到「黑洞」這兩個字，有什麼印象？既然是Black Hole，那就是「黑色的洞」，很多東西都會被吸進裡面……大概是這樣的印象吧？因此首先大家來思考一下。

地球在這裡（圖5☞），假設火箭從地表飛出去好了。火箭受到地球重力拉扯，必須以相當高的速度往上衝，才能飛得出去。那麼它需要多快的速度呢？

太空船的「動能」與地球的「重力（位能）」加起來等於零，用這個公式解，就能算出速度。大家如果在高中選修物理的話，應該都會解這個公式（圖5☞）。

在這個公式中代入「地球的質量」、「重力常數」和「地球半徑」後計算，大約是11km／sec（公里／秒）。1秒鐘走11公里……算是相當快的速度。1馬赫（音速）是0.3km／sec，換算後大約是30倍音速。以這麼快的速度往上衝，就能甩掉地球重力，飛出地表了。

圖5＊飛出地球需要多大的速度？

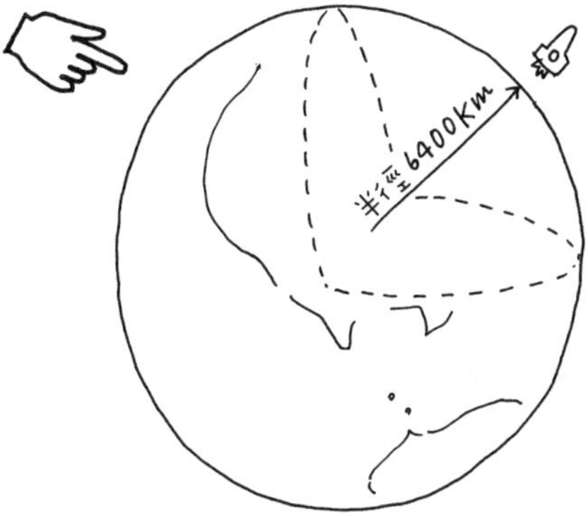

$$0=\underbrace{\frac{1}{2}mv^2}_{\text{動能}}+\underbrace{\int_R^\infty G\frac{mM}{r}dr}_{\text{位能}}$$

G：重力常數（萬有引力常數）
$=6.67384\times10^{-11}m^3s^{-2}kg^{-1}$

$$\rightarrow \underset{\text{速度}}{v}=\sqrt{\frac{2GM}{R}}$$

R=6400km
$M=6\times10^{24}$kg來計算的話……

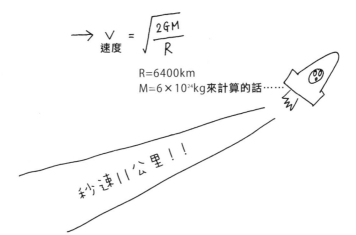

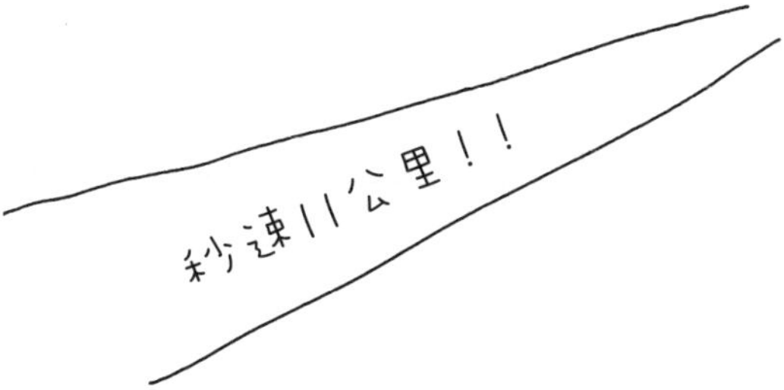

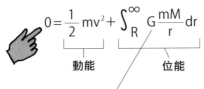

這裡大家來思考一件事。如果地球的**質量不變，但體積縮小的話呢？**

舉例來說，假設有一顆與地球同質量、半徑8.9mm的顆粒，它的上面有火箭——半徑8.9mm是我設定的數字，等一下我會說明為什麼要這麼設。（圖6）。

剛才是從距離中心點6400km的地方開始逃脫，但這次，是從8.9mm的地方。按照計算，逃脫的速度為每秒30萬公里。也就是說，它必須與光速相同，否則就無法逃脫了。換句話說，若想要從這8.9mm的內側逃離，就連光也做不到。

如果實際上真有這種天體，因為光也逃不出去，它不會發光，呈現漆黑一片的狀態，對吧？這就是黑洞。

把剛才的公式變形一下（圖6☞），將某質量（M）的東西縮到多小，就會變成黑洞？求它的半徑（r）。

也許你們以為黑洞是個巨大無比的神祕物體。但如果把地球壓縮到比半徑8.9mm更小的話，就會成為黑洞。重點在「小」，各位的身體若是壓縮到比原子還小時，也能成為黑洞。

圖6＊地球半徑只有8.9mm的話？

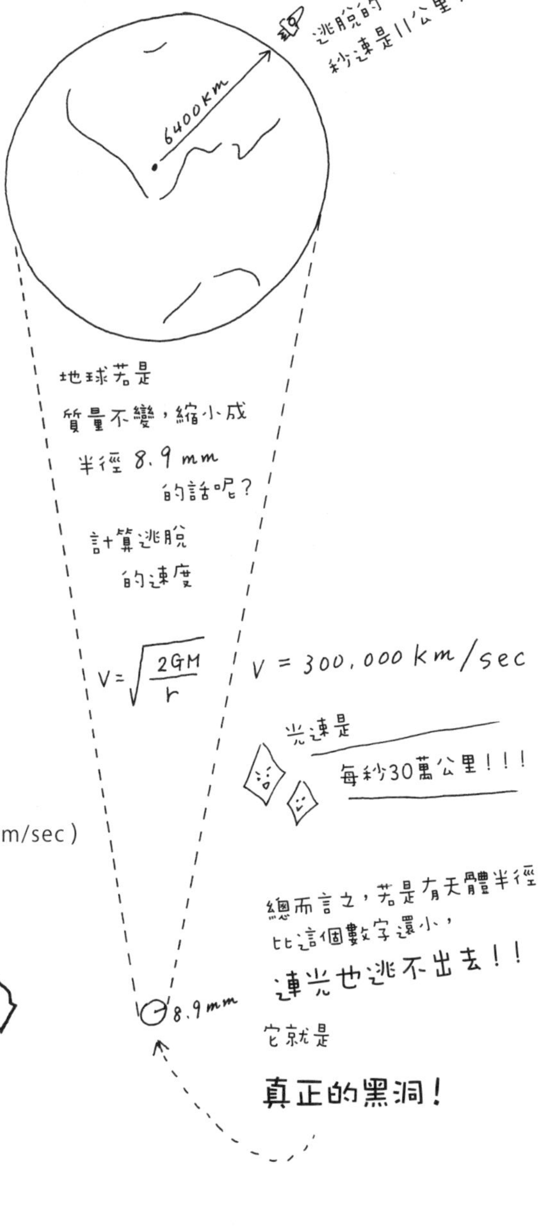

秒速是11公里！

質量不變，縮小成

V = 300,000 km/sec

總而言之，若是有天體半徑
比這個數字還小，

右邊公式的v加入
C(光的速度＝30萬km/sec)
變形為

$$r=\frac{2GM}{C^2}$$

黑洞的半徑

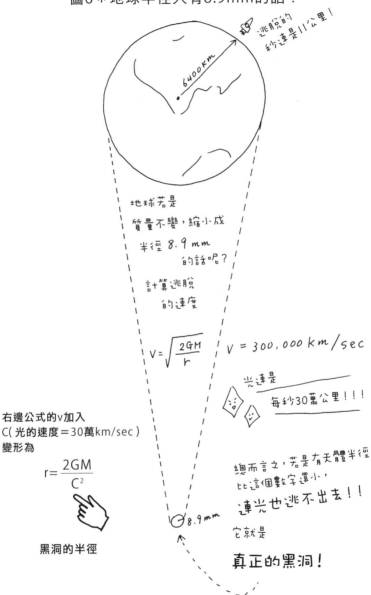

建立了「小而重」的印象之後，我們就來談談真正的黑洞吧。

愛因斯坦的方程式在發散

先從歷史說起吧。黑洞並不是有人在宇宙看到什麼奇妙的天體，納悶的想「咦，這是什麼？」然後大家集思廣益之後解開的謎題。黑洞最初是在紙上想出來的東西。也就是說，計算了數學算式之後，得出了一個奇怪的東西。是從這裡開始，直到很久之後，才發現它真實存在。

今天後半節我還會詳細的說明，這裡我想先介紹一個理論，它叫做廣義相對論，是愛因斯坦在一九一六年針對「空間扭曲」所發表的著名理論。

當時，德國有一位物理學家卡爾・史瓦西，他在第一次大戰的戰壕中，計算解出了廣義相對論的方程式。那個算式在某處**發散**了。算式變成無限大而無法成立叫做「發散」。他發現當天體的半徑（r）為0，與半徑為 $\frac{2GM}{C^2}$ 這兩個值時，該天體就會發生奇怪的狀態。這個方程式是用來計算空間的扭曲，而當天體具有這兩種半徑時，空間就會**扭曲過度而破裂**。

$\frac{2GM}{C^2}$，不就是我們剛才說過的黑洞半徑嗎？計算某質量的物體要縮小多少才會變成黑洞時，得出來的半徑。

剛才壓縮地球的解說，請把它想成從古典物理學的運動方程式導出的概念。大家在高中讀的物理（古典物理學＝牛頓物理學）中，不會把物體的「大小」列入計算。舉例來說，我們計算「投球」時的運動，不會考慮球的大小。古典物理學是把大小當作零來對待，況且也完全不考慮空間的扭曲。

但是，史瓦西使用了紮實的重力場理論（相對論），試著計算如果擺一顆無大小狀態的星球（半徑為零的大質量星球），空間會怎麼樣。結果空間破裂了。

那麼，**要縮到多小和多少質量的天體，才會把空間弄破**？

答案就是半徑$\frac{2GM}{C^2}$。突然間出現了古典物理學、相對論和算式，你們大概聽得頭昏眼花吧。請別放在心上，詳細的內容，我會在今天的後半介紹廣義相對論時說明。

數學算出來的黑洞

史瓦西發表的報告認為：「這個結果，太奇怪了吧？」不過很遺憾的是，沒多久他就在戰爭中去世了，沒有繼續研究下去。後來這個讓空間發生怪現象的半徑（$\frac{2GM}{C^2}$）就以他的名字取名，叫做「史瓦西半徑」。

而且，在該半徑包覆之表面的內側，就連光也無法逃脫。至於裡面是什麼狀況，我們完全不知道。因此，後人將它取名為「事件視界」（圖7☞）。意思就是：裡面有什麼我們無法知道哦。它是與我們所知世界的分界線哦。另一方面，當體積為點（＝零）時，在算式上會發散，所以稱之為「奇異點」。奇異點的意思就是無限大，物理法則無法成立的點。

不論是「事件視界」還是「奇異點」終究都只是數學上出現的謎，因為世界上不存在**有質量的點**。不論任何物質都有大小，而且不可能有與地球相同質量，半徑卻只有8.9mm的小星球（顆粒）。人們認為它終究只是從算式中思考出來的東西。

圖7＊史瓦西的奇異解

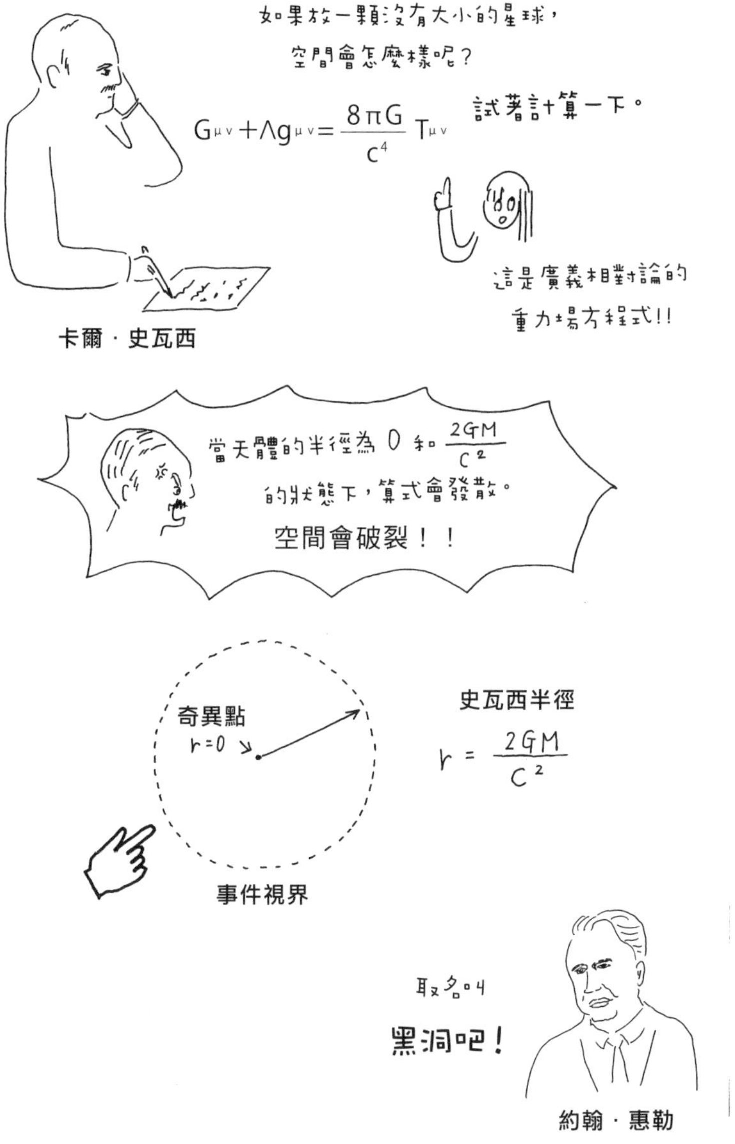
如果放一顆沒有大小的星球，
空間會怎麼樣呢？
$G_{\mu\nu}+\Lambda g_{\mu\nu}=\frac{8\pi G}{c^4}T_{\mu\nu}$
試著計算一下。
這是廣義相對論的
重力場方程式!!
卡爾・史瓦西
當天體的半徑為 0 和 $\frac{2GM}{c^2}$
的狀態下，算式會發散。
空間會破裂！！
奇異點
r=0
史瓦西半徑
$r=\frac{2GM}{c^2}$
事件視界
取名叫
黑洞吧！
約翰・惠勒

一九六七年，史瓦西過世的半世紀後，學者約翰・惠勒將這個以「事件視界」包覆，光無法逃脫的部分，取名為「Black Hole」（黑洞）。

奇異點旋轉就會變成環

之後，人們懷疑：「除了史瓦西解之外，還有沒有其他奇怪的解呢？」許多人試著計算了廣義相對論的方程式，找出了3個種類。

史瓦西解是最單純的形式——即正中央有奇異點，它的周圍有「事件視界」。

後來，有個名叫克爾的人，他想出正中央的奇異點會旋轉的狀況。若是會旋轉，奇異點會變成環狀，「事件視界」也一樣，形成有點橫向膨脹的狀態。

此外，萊斯納和諾德斯特洛姆兩人，思考了奇異點帶電荷的狀態。而克爾進而與紐曼兩人又思考到帶電荷的奇異點旋轉的狀態。

圖8＊各種奇異解

		會旋轉嗎？	
		No	Yes
有電荷嗎？	No	史瓦西解	克爾解
	Yes	萊斯納／諾德斯特洛姆解	克爾／紐曼解

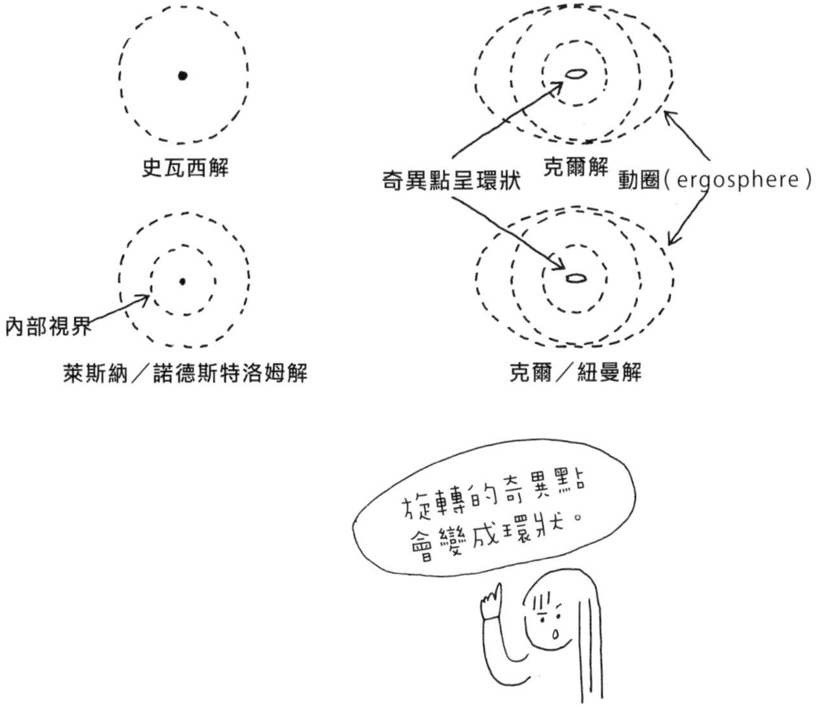

這裡的理論有點深，所以我先略過細節，你們只要記住一點，旋轉的奇異點會形成環狀就行了。因為後面還會再提到。

星球的死亡——重力塌縮

好，到目前為止都在談數學的內容，有點無趣吧。因為各位都安靜無聲（笑）。所以，數學的部分到此為止，再來談談黑洞是不是真的存在。

按照一般的想法，與地球同樣質量，但半徑只有8.9mm的星球——物質緊密的塞到那種地步的終極重星，應該是不可能存在吧？很多人會想，這畢竟只是空想出來的理論。

但是在第二次世界大戰開始的一九三九那年。科學家羅伯特·歐本海默發表了「星球應該因為重力崩塌而誕生」的理論。

歐本海默是製造出原子彈的人，美國羅沙拉摩斯國立研究所所長，曼哈頓計畫的負責人。他是個理論物理學家，所以也研究星球的一生。

所謂的重力塌縮是這樣的。

太陽在這裡（圖9☞），太陽因為核融合而燃燒，內部製造出極為驚人的能量（大家就是靠著這個能量才能像現在這樣生活），為了製造驚人的能量，類似這種太陽的恆星，會發生不斷向外擴張、再擴張的力量。

另一方面，太陽擁有極大的質量，因為它的質量，也產生向中心落下、再落下的重力。

那種「向外擴張、再擴張的力量（能量）」和「往內側落下的力量（重力）」一般會達到平衡狀態。

科學家說，像太陽那樣的星球，大概可以活到100億歲。太陽現在正好是中年，大約50億歲左右。它幾乎——90億年以上都會維持這樣的安定。向外擴大的力量和因重力而掉落的力量，一直保持在平衡狀態。

但是，物質一定有結束的一天。太陽的終點是什麼呢？就是燃料用盡。太陽燃燒氫（原子序數1）——原子序數是原子核中，質子的數量——變成氦（2），進而氦與氦又會變成鈹（4），氫（1）與氦（2）融合就會變成鋰（3），周期表中的輕原子轉變成重原子——它們的原子核融合了——核融合最後將會停止在鐵（26）形成時。因為鐵原子不會再核融合，它是最安定的物質。

因為這個緣故，太陽漸漸年老，燃燒的物質燒完，向外擴張的能量變弱……在某一瞬間，重力贏過了能量，這就是星球的末日。重力獲勝，向中心塌縮的現象，就叫做「重力塌縮」。

所有的物質都變成十萬分之一大小

你能想像星球因為自己的重力而坍塌的樣子嗎？話說回頭，「物體坍塌」是什麼意思？

比如說，這裡有個橡皮擦，就算我再怎麼用力捏，也不會把它壓扁，因為它很密實。星球的內部也相當密實，哪有什麼地方供它坍塌呢？其實是有的。就是這個。

圖9＊星球的重力塌縮是什麼？

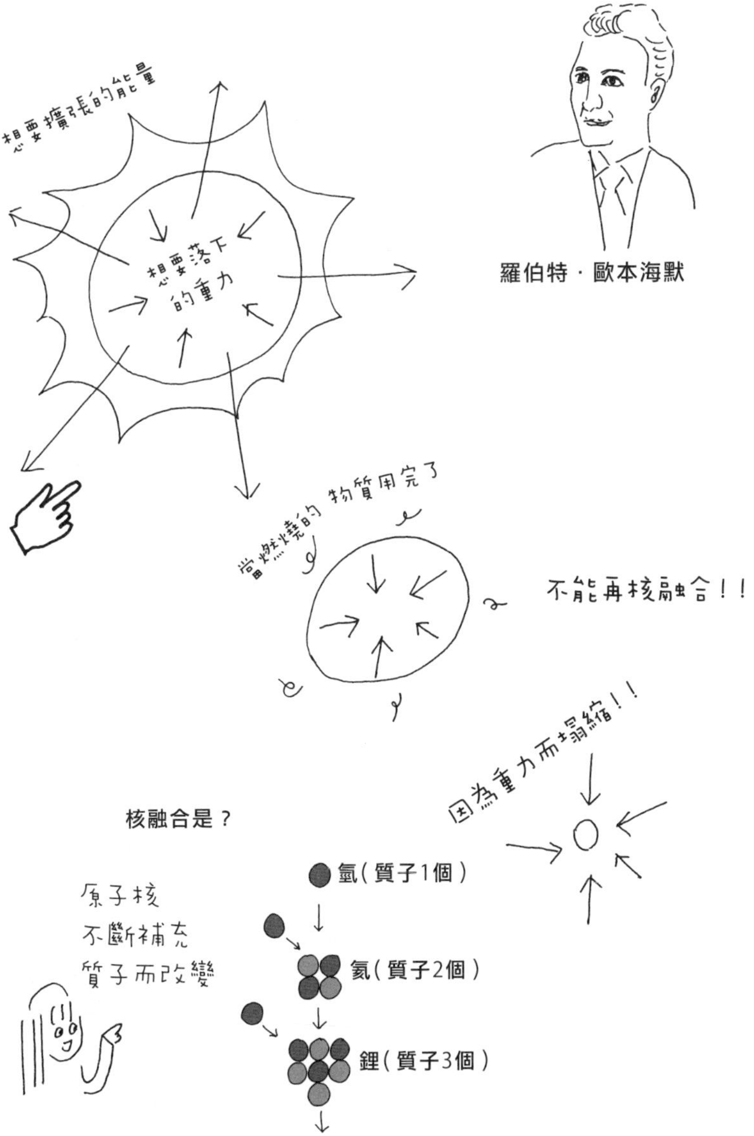
想要擴張的能量
想要落下的重力
羅伯特·歐本海默
當燃燒的物質用完了
不能再核融合！！
因為重力而塌縮！！
核融合是？
原子核
不斷補充
質子而改變
氫（質子1個）
氦（質子2個）
鋰（質子3個）

原子是由原子核與環繞它的電子構成。

中心的原子核非常非常小，大概是整個原子的10萬分之1大。假設原子有這個會場這麼大（幾十公尺），原子核大概只有自動鉛筆筆芯的直徑。原子的內部其實很空洞。

像這個橡皮擦，**外表看起來好像很密實**，但它是由原子構成的，所以內部也很空，多的是塌縮的空間。其實它可以縮小成10萬分之1大小的空間。

那麼，為什麼壓不扁它呢？因為我的力量太弱。如果有恆星那種程度的重力，力量就很大，是可以把它壓扁的。

至於塌縮是怎麼一回事呢？電子原本都在固定的軌道上，塌縮就表示它掉到原子核上（ ）。電子與原子核（的質子）黏在一起，就會變成中子。

以太陽為例，它是由氫與氦等各種原子構成的，但如果所有的電子都落到它的原子核上的話，各種原子也都變成了中子。星球變成一大塊中子——稱之為中子星。

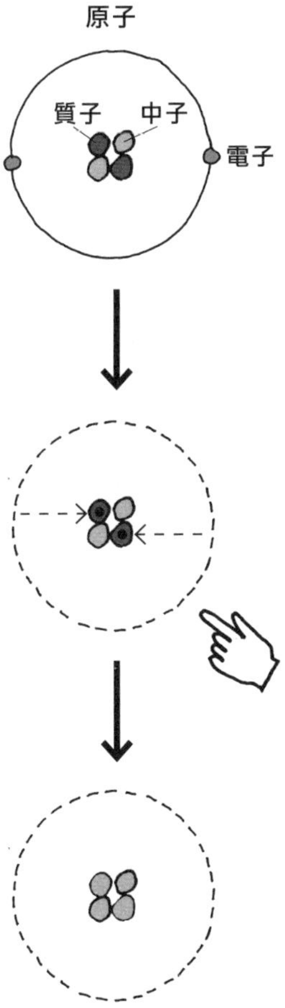

到這時候，體積變得極小——10萬分之1的尺寸，但質量還是同樣巨大的星球不就誕生了嗎？歐本海默這麼認為。

體重決定死法

各位，你們知道星球也有壽命吧。壽命到了盡頭，星球也會死的。就如剛才說的，當核融合結束的瞬間，星球就死亡了。

相反的，「星球誕生」指的是核融合開始的時候。塵埃（粒子）因為重力吸引而聚集、開始核融合的那一刻——發出耀眼光線的那一刻，星球就誕生了。而像地球這種不會發生核融合的星球，從一開始就死了。

而且，星球也像人一樣，有不同的死法。人有很多死法，而星的死法卻按體重的大小早就決定了。也就是說，輕和重的死法不相同。胖子快死的時候不太漂亮，相反的，瘦子可以死得很美。

超新星爆炸！

這裡畫的「紅巨星」，是快死的老人星（圖10☞），燃燒的物質不斷在減少。

一般人形容星球的大小，常用「太陽的幾倍」的說法。在太陽的8倍大以內都可以算是「瘦子」。這顆老人星如果是那種瘦子星的話，剛才說的重力塌縮會在半途停止。它不會完全塌縮，變成一塊中子，在氫和氦等「燃燒物質」還殘留

圖10＊星球的末日

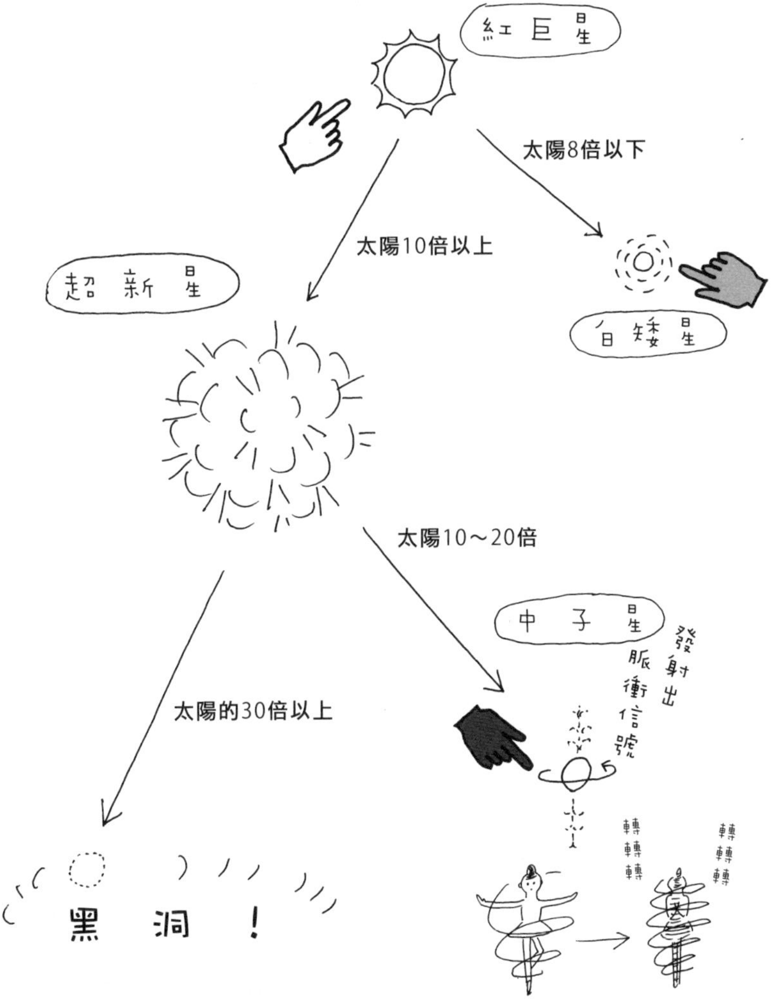

宇宙中的恆星中，太陽的體積非常平均，
所以常會用太陽作為類比的標準。

的狀態停止重力塌縮。由於核融合還在繼續，所以會發出微弱的光，是一種美麗的死法，以這種方式死去的星，叫做「白矮星」（圖10☛）。

但是，比太陽大10倍以上的胖子星會變成什麼樣呢？因為重力太大，它會以猛烈的力道塌縮。燃燒物質一用完，便急速收縮，因為力道太猛烈，物質激烈碰撞而產生爆炸。

這種爆炸叫做「超新星」（super nova），聽過嗎？你也可以在「超新星」後加上爆炸，叫它超新星爆炸。還沒有到「超」程度的爆炸，就叫「新星」（nova）。

順便一提，為什麼它明明要「死了」，卻叫做「新星」呢？因為從前並不知道這是星球死掉的狀態。它本來是一顆會發光的恆星，但是因為距離地球太遠了，我們看不見。但在它死掉的瞬間，因為爆炸而發出極為明亮的光，古代人看到時便說「啊，那裡有一顆新的星星！是新星啊！」於是就這麼取名了。其實它不是新生的星，而是死亡的星，但古代人不知道。它有這麼個歷史的緣由。

角動量守恆定律

胖子星發生超新星爆炸而死亡之後會怎麼樣呢?它會凝固。

凝固的方法也有兩種。太陽的10～20倍大的星球——雖然有個中廣身材,但還過得去吧——就會成為剛才說過的中子星(圖10☛)。因為不再核融合,中子星不會發光,但取而代之的是,它會發出脈衝狀的電波。

為了說明這個原理,我舉個花式溜冰的例子吧。你們知道花式溜冰為什麼能旋轉得那麼快呢?那是利用了一種物理基本定律——角動量守恆定律。剛開始旋轉時會把手張開,然後把手縮回到身邊。只是縮進來而已,旋轉就會突然加快。為了維持這種叫「角動量」的物理量,將半徑縮減,速度就會增快。

星球也是一樣,像紅巨星這樣的大星球,因為重力場縮而變成中子星般的小星球(縮減)。星球原本就會緩慢自轉,所以,迅速變小的話,旋轉速度就會急遽增快。

而且,星球一定都有磁場。像地球也是,放一塊磁鐵在地上,它一定會指向北和南。有磁場的物質以驚人的速度旋轉時，就會發出脈衝狀的電波。由於它發出的電波很規律，中子星也叫做脈衝星（會發出脈衝的星星）。

我好像脫離主題，說到和黑洞完全無關的話題了……不好意思。總之比太陽大10～20倍的恆星死掉時，就會成為這種中子星。

中子塌縮，產生黑洞

那麼，如果是比太陽大30倍的巨星，發生重力塌縮（超新星爆炸）之後，又會變成什麼樣呢？由於重力非常大，所以塌縮得也比中子星更小，也就是說它會形成黑洞。

比中子星塌縮得更小是什麼狀況？剛才有說過原子塌縮——原子外側的電子落在原子核——變成中子（中子星）的過程，但塌縮得比中子更嚴重的話呢？中子有空間塌縮嗎？我想是有的。

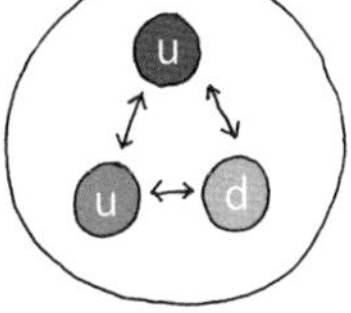

質子

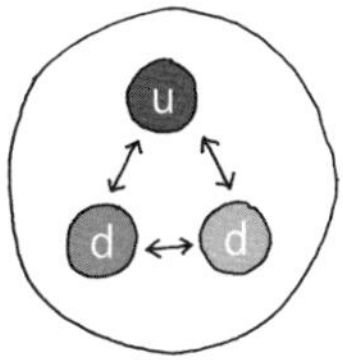

中子

就像今天一開始說的，中子和質子裡還有夸克這種基本粒子在遊盪。

也就是說，中子的內部其實也是空空的。基本粒子夸克在類似能量湯的狀態中四處游走。如果有更強大的力量（重力）施加上去，這能量湯的部分就會坍塌，最後變成比中子星密度更高——**在極小的範圍內，填塞緊密的終極重物**，也就是黑洞了。

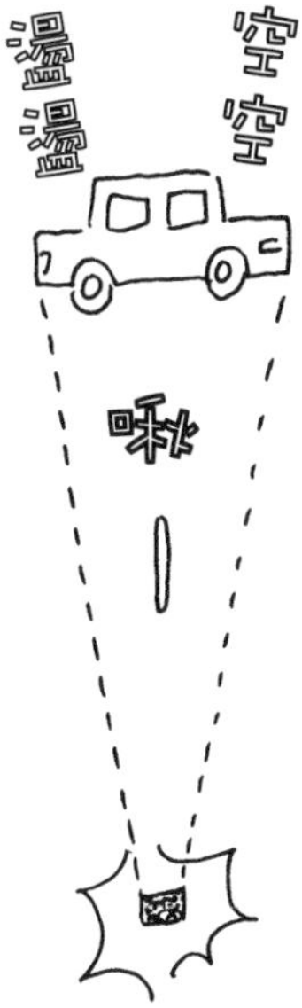

觀察黑洞的方法

好，我已經解釋完黑洞形成的過程，接下來想來談一談實際的黑洞觀測。終於進入主題了。黑洞真的存在嗎？如果有的話，你們很想看一看吧？

請你們回憶一下一開始說的內容。黑洞，簡而言之就是光無法逃逸的領域——即「事件視界」。光不能從那裡溢漏出去，所以就算發現了，應該也只看得到一片漆黑。而且，它的周圍——這一點後面會再談到——空間因為重力的關係而扭曲了。

這是經由電腦模擬出來的圖象（圖11），原本美麗的星空，因為黑洞杵在眼前，星光都扭曲了。

黑洞也是天體，它和所有天體一樣，一直在移動。所以假設黑洞從眼前通過的話，應該會像這樣，看見夜空的星星扭曲變形吧。

圖11＊黑洞觀測得到嗎？

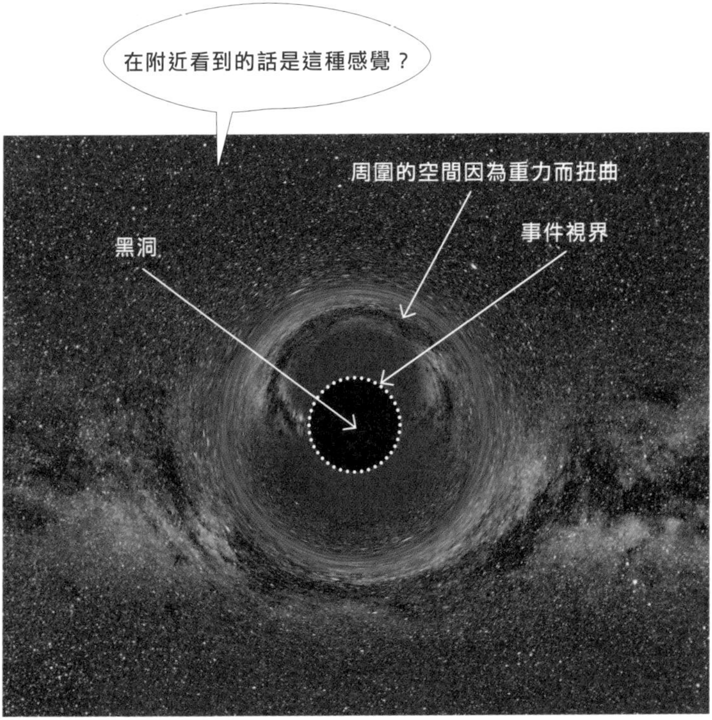

©Ute Kraus, Physics education group Kraus, Universität Hildesheim

順道一提，這張圖片是假設黑洞就在各位的附近，你們大家沒有看過這種景象吧？也就是說地球的附近並沒有黑洞。這也可以算得上是幸運。現在科學家知道，黑洞只在遙遠的地方。

那麼，要怎麼樣才能看到遙遠宇宙中的黑洞呢？

假設這裡有一個黑洞（圖12☞）。如果只有黑洞的話，將會黑漆漆的什麼也看不見。

如果附近有星球的話，那顆星球會受到黑洞重力的吸引，氣體會被吸光。因為像太陽那樣的恆星，內部是由滿滿的氫氣等物質所組成。

此時若是直線墜落到黑洞中心的話，也就結束了。但一般狀態，星球不會那麼容易墜落，而是與中心形成某個角度的墜落。於是那些氣體就會在黑洞四周開始旋轉，就像衛星一樣。

由於氣體呈圓盤狀被吸進中心，所以把它稱為「吸積盤」。黑洞的重力非常強大，圓盤也會以極猛的力道旋轉，到事件視界附近幾乎已接近光速了。氣

圖12＊觀測黑洞的方法

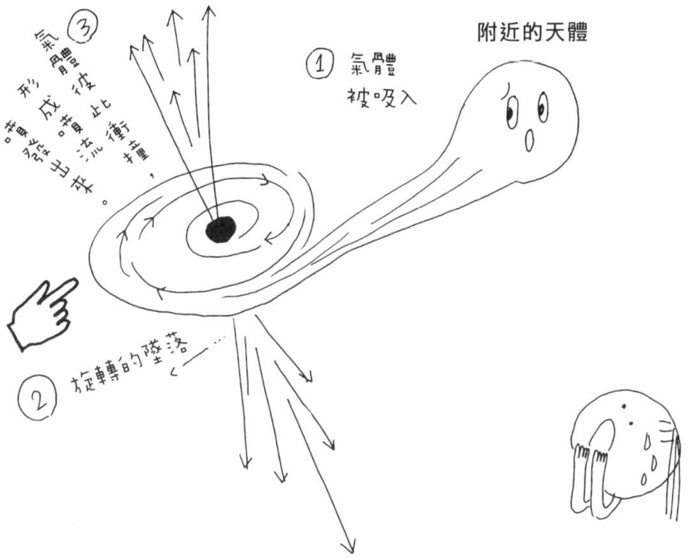

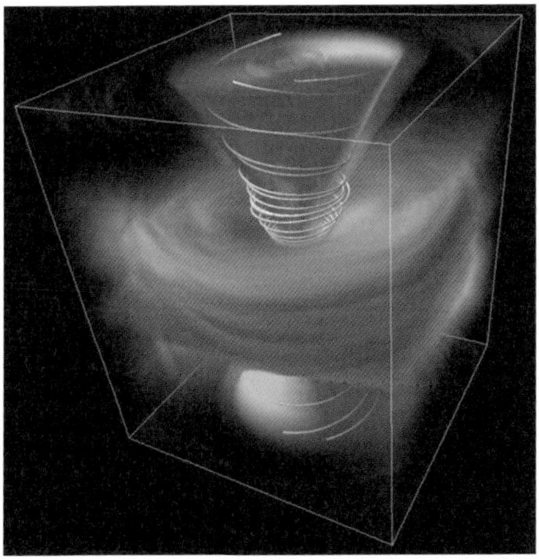

日本國立天文台所做的模擬

日本國立天文台大須賀健提供

體（粒子）彼此激烈碰撞，碰撞的粒子朝上下兩極──北極和南極的方向──噴出。這叫做噴流。噴流好像應該向四面八方噴射比較自然，不過進行模擬後就是這種結果（圖12 ☛）。

重點在這裡，這個噴流將會激發輻射（因為粒子互相高速撞擊，就會產生大量像X射線或伽瑪射線的強烈輻射），可以觀測得到。黑洞本身雖然是黑色，肉眼看不見，但噴流應該可以觀測得到。因此若是觀測到噴流，就可知道它的中心是黑洞。

從宇宙來的光線波長

想要看到噴流有兩個條件。

第一，以X射線波段觀測。X射線無法用人的肉眼看見，所以必須用可以接收到X射線波段的望遠鏡來**看**。

接收不同輻射波段，需要可以接收到特定波長輻射的裝置。例如，有一種夜視望遠鏡，它是接收紅外線用的裝置。我們說「看」，就是一種捕捉特定輻射波

光的波長

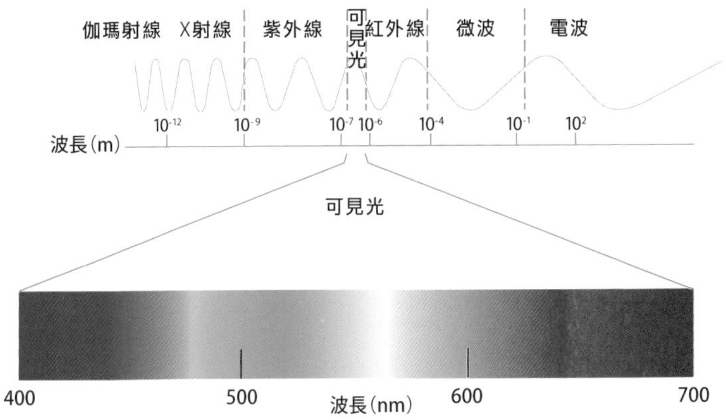

長的行為。

條件二，從覆蓋地球的大氣層之外來觀測。

雖然X射線的能量很強（波長短），但是它進入地球的大氣，卻無法到達地表。這是因為波長越短，越容易被空氣中的粒子阻礙。

相反的，像電波那種長波長（能量弱）就容易到達。待在建築物後面也能聽到收音機，就是因為電波可以繞過建築物。

因為這個緣故，X射線和伽瑪

射線等從宇宙飛來的強能量光，會被大氣悉數吸收。（如果突破大氣層，到達地表的話，觀測就很容易了，但是大家直接曝曬在來自宇宙的X射線下，全都會一一倒地不起。大氣層保護了我們大家）。

用X射線看的話……

所以，我們需要人造衛星。在人造衛星架設望遠鏡，發射到太空中的話，就能不受大氣阻礙的直接捕捉到X射線和伽瑪射線。自一九九〇年將哈伯望遠鏡發射到太空中之後，人類可以拍攝到更清晰的宇宙影像，各位可能也已經看過，如果從地球的大小來說，它的高度幾乎與在地表沒有什麼兩樣，但重點在於「大氣之外」。

這是位於銀河系外側的星系NGC5128（圖13），利用我們肉眼相同的可見光波段看到時，就會是這種感覺。把它與用X射線波長拍攝的照片重疊在一起的話……

圖13＊NGC5128（可見光）

NASA

圖14＊NGC5128（可見光＋X射線）

NASA

真的，出現噴流了呢。

而且是朝北極和南極的方向噴發的，對吧。剛才模擬的精確度很高吧。有噴流出現也就表示，它的中心恐怕有個大黑洞吧。

黑洞既黑暗又小，所以無法直接看到，但可以用這種方式間接看見。由此我們就確定「黑洞果然真的存在啊……」現在已經沒有人懷疑它的存在與否了，它確確實實是存在的。

超強武器「任意門」

黑洞的研究，對我們的生活有沒有直接的幫助呢？其實沒有幫助。但是，這麼說的話就太無趣了，所以等一下再來談談令大家驚奇的實用性吧。你們猜是什麼呢？就是「任意門」。

如果製造出「任意門」，那就很有幫助了吧？你不覺得那是很酷的工具嗎？和哆啦A夢另一種竹蜻蜓類的低階玩意兒完全不同。用竹蜻蜓慢吞吞的飛行，大概跟走路的速度差不多，但任意門卻是**不論哪裡**都能去哦。

舉例來說，它還可以暗殺美國總統（笑），因為用它就可以簡單的進入白宮。如果我借到的話，我就要用一星期征服全世界（笑）。這種超強武器也許可以藉由黑洞來實現……這個話題，我們晚點再說。

黑洞有3種

接下來，我就介紹幾個存在於宇宙的黑洞吧。黑洞有三種，「中質量黑洞」、「超大質量黑洞」與「微型黑洞」。

中質量的黑洞，就像剛才說過，是因為恆星的重力塌縮而造成的。人類已經觀測過多次超新星，所以它的殘骸所在處，應該都有這種黑洞。宇宙有無數顆比太陽大數十倍的恆星，它們塌縮而形成黑洞是很容易想見的。

另一種是超大質量黑洞，剛才介紹過的「NGC5128」就是一個例子。經過計算知道它質量極大。而根據最近的研究得知，幾乎所有星系的中央都有個超大質量黑洞。越巨大的星系，就有越巨大的黑洞。我們居住的銀河中心好像也有。

只是，它是如何形成的？目前還是個謎。因為它比太陽重幾百萬倍，重量大到無法想像，所以不能像剛才那樣，用星球塌陷而形成來解釋，因為沒有那麼巨大的星球。

有人認為，會不會是黑洞與黑洞相撞而不斷變大呢？說法有很多種，不過，黑洞互撞的可能性很低，而且比太陽還大數百萬倍的黑洞，互相接近需要相當長的時間……總之，我也不清楚。

到目前為止，人類觀測到的最巨大黑洞，叫做「OJ287」，大小竟然是太陽的一百八十億倍。不論怎麼想，都不可能是星球塌縮形成的啦。它怎麼形成還是個謎。

微型黑洞可以當作垃圾處理場？

最後我們來思考一下微型黑洞。

黑洞的意思，簡單的說就是物質壓縮到極度狹窄空間的狀態——密度極高的狀態。各位的身體，如果壓縮到原子那麼小，也會變成黑洞。

宇宙的初期是個大量物質密集在狹窄空間的時代，這部分在下次主題「大霹靂」中，會說得更詳細點。總之，那是個非常容易製造出黑洞的環境。實際上，如果模擬製造宇宙初期的狀態，科學家發現可以製造出大量黑洞。但是，那大概是基本粒子大小的程度。

我家裡十分雜亂，所以如果有一個微型黑洞在，用來代替吸塵器也許還滿省事的。這不是玩笑話，事實上，科學家很認真的考慮過黑洞的使用方法，像是把黑洞當成垃圾處理場啦、用黑洞來發電啦——如果有什麼辦法可以吸收剛才說過的噴流能量的話。雖然我是覺得，先想想怎麼做出來再來考慮其他，比較實際吧。不過思考使用方法滿有趣的就是了。

但是，宇宙初期製造出來的微型黑洞，現在已經不存在了。現在宇宙中還存活的是比質子大的黑洞。知道為什麼嗎？

照一般的想法，黑洞會把所有一切都吸進去，所以它會越變越大，不可能消失？可是，它會消失。一般是丟掉了能量所以「消失」，但為什麼吸收者會消失呢？

史蒂芬．霍金的黑洞蒸發理論

提出這個理論的是史蒂芬．霍金。他因為這個黑洞消失＝蒸發的理論一舉成名，不過那是我小時候的事。

再拿出剛才說的黑洞吧。正中央有個質量集中一點的地方——奇異點，它的周圍是事件視界（圖15☞）。

霍金想到的理論是：「宇宙的空間看起來像是空無一物的真空，但其實充塞著能量。」最新的量子論是這麼認為的，它叫做「真空的能量」——雖然並沒有任何人測定過——但他們認為把真空想成並非「空無一物的狀態」，而是「塞滿某種能量的狀態」比較容易（這就是所謂的「暗能量」……詳細的內容，在第三章再說）。

他認為，這個能量正好在「事件視界」附近，引起「對生」。

大家還記得「對生」？今天一開始時我說過的，能量會產生粒子和反粒子的現象。黑洞「事件視界」附近的真空能量會產生粒子和反粒子。

平常的話，粒子與反粒子馬上又會黏在一起，恢復成能量。但在「事件視界」附近時，粒子還沒互相黏合前，就會被拆散，一邊跑進「事件視界」內側，一邊往外側走（圖15）。

對生的粒子各別朝反方向飛開——由於動量守恆定律必須成立……與PET的原理相同——粒子或反粒子的任一方在生成的剎那被吸入的話，另一方就會向外逸出。

圖15＊黑洞蒸發理論

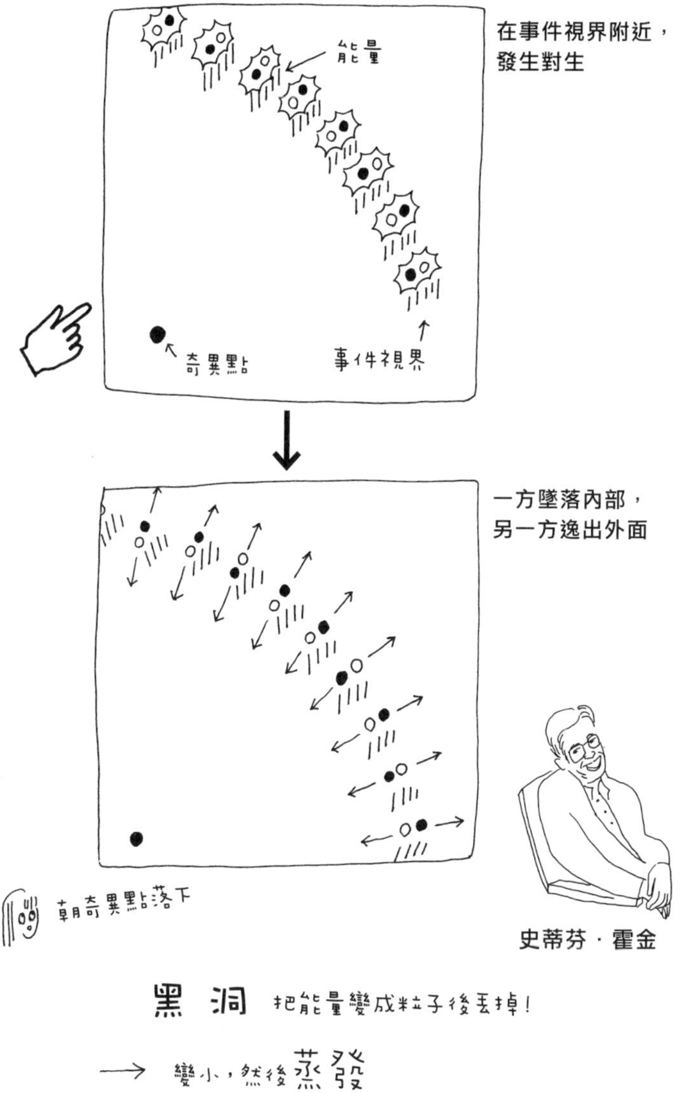
在事件視界附近，
發生對生
能量
奇異點
事件視界
一方墜落內部，
另一方逸出外面
朝奇異點落下
史蒂芬・霍金
黑洞 把能量變成粒子後丟掉！
→ 變小，然後蒸發

於是，在「事件視界」附近，黑洞自己的能量就因對生而變成粒子（與反粒子），向外逸散。

只是這是量子論的學說，數量上極少。如果想將恆星坍塌形成的黑洞，以這種方式消失的話，需要花宇宙年齡數兆倍的時間，「放出能量」也只是微乎其微。

但是如果原本的黑洞比較小的話，像這樣放出能量，黑洞就會在短時間內消失，蒸發了。黑洞越小，壽命就越短。就像動物一樣。所以質子以下的黑洞恐怕並沒有存活到今天，這就是霍金想出的黑洞蒸發理論。

夏威夷的黑洞官司

關於微型黑洞還有一個有趣的小故事，在二〇〇八年做了裁決。

如果能用一股強大的力量——以星球來說，就是使用可造成重力坍塌的重力——用某種巨大的力量將物質壓碎……讓物質緊密集中在窄小空間裡的話，就會成為黑洞吧？

有些人想出運用加速器的方法。他們推測讓粒子加速，再用極強大的力道將它壓碎，是不是就能製造出黑洞呢。

這個加速器叫做LHC，由CERN所製造，它跨越瑞士與法國國境，一周有27公里，直徑8.6公里，不但是全世界最大的加速器（圖16），也是人類史上最巨大的裝置。科學家就是利用它「找到了希格斯粒子的徵兆」，他們在實驗中，讓質子與反質子反方向飛行，在衝突點對撞，試圖人工製造出希格斯粒子。

當LHC建設好，正準備啟動時（二〇〇八年），有人提起了訴訟，主張「那個加速器會製造出黑洞！如果黑洞出現，世界將毀於一旦，所以絕對不能讓它運轉！」奇妙的是，這案子不知為何竟然向夏威夷的法院提出（笑）。

結果，美國政府以「美國要求CERN停止實驗於法無據」提出抗辯書，判決訴訟無效。我同事有人認為：「那該不會是場假官司吧？」畢竟如果只是宣布

圖16＊LHC

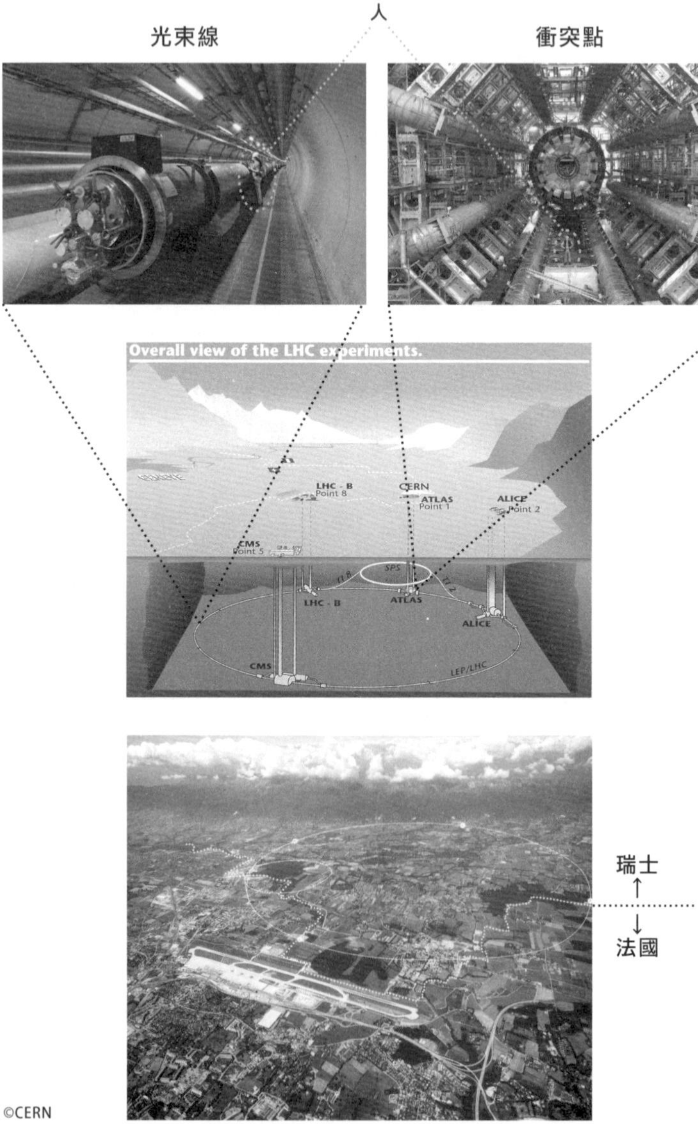
人
光束線
衝突點
Overall view of the LHC experiments.
LHC - B
Point 8
CERN
ATLAS
Point 1
ALICE
Point 2
CMS
Point 5
SPS
LHC - B
ATLAS
ALICE
CMS
LEP/LHC
瑞士
法國

©CERN

「我們建設了加速器，現在開始實驗」，誰也不會理會。這場官司至少讓人好奇「加速器是什麼？」

因為他們用了宇宙人氣關鍵字「黑洞」，而且還鬧上法庭！當時成為轟動國際的大新聞，因為這事件，也有更多世人知道了LHC的名字，算是相當成功的行銷吧。這就是現在說的隱性行銷。還好一開始就做了網頁（笑）。

而且，上訴人還是位退休的物理學家，黑手的嫌疑性很高，簡直就是深不見底的黑洞……（笑）

總之，我只說結論就好。光靠LHC的能量來製造黑洞，還是有點不夠。

但是「有點不夠」的算式之所以成立，主要是因為我們把宇宙想成4維。我們現在生活的世界是空間（3維）+時間（1維）所形成的4維。如果比4維更多——假設宇宙有5維以上的話，算式會有一點不同，也許就能製造出黑洞。換句話說，若是LHC能製造出黑洞，就證明了宇宙不是4維，而是5維以上。有些學者正以這個主題作為研究目標。怎麼樣才能發現呢？就是剛才說過的，觀測蒸發時出現的能量。

宇宙有幾次元是個非常困難的問題。理論派的人有的認為有10維，有的說11維，論點各有千秋。但也許可以驗證它是否真實。

另外要補充的是，即使造出了黑洞，它也不會從瑞士開始把整個地球吸進去。而是因為它太小，立刻就消滅了。請不用杞人憂天。

那麼，在這裡休息一下，後半節時間要來談相對論。

愛因斯坦與英文能力

好，接下來先來談談艾伯特·愛因斯坦，他大概是物理學者中最有名的人物。

他是一個天才，然而也有許多小插曲。例如，考大學時他落榜了一次。當時，大學的教授寫了一封信給他，信中寫道：「你真是數學和物理學的天才，只是語文（英語）能力太差，請再用功一下。」

第二次世界大戰時，納粹勢力抬頭的關係，身為猶太人的他只好從德國逃亡到美國。據傳聞說，他只認得兩百多個英文單字。光靠兩百個英文單字就能說英語，在某種程度來說，已經算是個天才了啊。

順便說一件完全不相關的事。你們知道為什麼日本人學了那麼多年的英文，卻還是不會說呢？理由很簡單，因為沒有用到的機會。不用的事物就學不會，只是這樣而已。如果你從事需要說英文的工作，很快就會說英文了。我對英文也很頭痛，不太能說。可是物理的世界，發表論文還是得用英文，在不得不用的狀況下硬著頭皮寫，很自然的就學會了。

愛因斯坦任職於普林斯頓高等研究院，那是一間世界最好的研究院，與普林斯頓大學並無關係，但因為在同一個城市內，交流十分頻繁。

特別一提的是，普林斯頓大學的物理學（尤其是理論）和數學科系也是全球第一。日本人動不動就愛提的哈佛大學，在物理學上卻是無啥建樹，除了剛才說的歐本海默較為知名外，在物理學史上並沒有那麼大的成就。說到美國物理學界的前三大大學，就是普林斯頓大學、加州大學、MIT（麻省理工學院）。

義大利的恩里科・費米也和愛因斯坦一樣，為逃離墨索里尼的獨裁政權而來到美國。20世紀，美國在物理學有卓越的成就，全都拜逃離歐洲的幾位科學家所賜。其他如愛德華・泰勒、利奥・西拉德、傑克・施泰因貝爾格（歐本海默並不是逃亡）。

建立相對論時要準備的兩大支柱

終於要進入相對論的主題了。這個理論雖然如雷貫耳，但大家也許對它仍然是一知半解。

確立相對論時，愛因斯坦將它分兩個部分來考慮，因為全部一起思考十分困難，所以先思考特殊相對論（譯注：以下統一稱為「狹義相對論」）——換句話說，先設定較容易思考的「特殊狀況」來進行。

什麼樣的**特殊**呢？就是「沒有重力的空間」，平坦的空間——光可以直線進行的狀態。我們後面會說到，空間扭曲的話，光不能直線前進，所以算式會變得很複雜，因此先以沒有扭曲的狀態來思考。

這時，愛因斯坦準備了兩個原理。

> **相對性原理——力學定律不論在哪個慣性參考系，都以相同的形式成立。**
> **光速不變原理——在真空中的光速恆定不變，與光源的運動狀態無關。**

狹義相對論就是從這兩個「原理」導出的「理論」。

這兩個「原理」分別屬於「力學（相對性原理）」和「電磁學（光速不變原理）」不同的體系，愛因斯坦則根據它們建立了新的體系（理論），但並不是將兩個體系合而為一。怎麼說呢？當他最初想建立「相對論」時，發現「以前的理論全都錯了！」「我要從零開始，建立一套與以前完全不同的理論！」他想在一張白紙隨心所欲的建立一套理論，但卻——**發散**了。

因此，首先，他試圖建立起可作為基礎的支柱，這些支柱會成為絕對不能更動的基礎，這裡指的就是那兩個原理。這兩個原理都是已知的正確觀測事實。但是按照舊有理論（牛頓力學），無法完美說明這個觀測事實。所以，為了在說明上沒有矛盾，愛因斯坦決定建立新的理論。

只要看到他完成的理論，就能發現它完美的說明了一個有名的事實——「沒有物體能超越光的速度」。

很多人經常誤解，例如，看到「有超越光速的現象」的新聞報導，有人說會說：「愛因斯坦錯了！」但其實「沒有物體能超越光速」並不是愛因斯坦發現的，愛因斯坦只是根據在他研究前就已知的觀測事實（光速度不變），建立一套理論來解釋它。

沒有人能解釋「為什麼不論在什麼地方測量，光的速度都一樣呢？」這個問題，但是，它卻是明確的事實。所以愛因斯坦以這個事實為根據（原理），建屋蓋房（理論），完美的向世人說明「它會變成這樣哦。這種現象在其他地方應該也會出現哦。世界不存在超越光速的東西哦」。

反過來也可以說，他引「光速不變」為根據的理由，並不能說明現象。就因為無法說明（但卻是事實），所以才把它拿來當根據。

微中子超光速的罪魁禍首是義大利人？

補充一點，二〇一一年9月的一則新聞指出「微中子也許比光更快」，結果證明是個錯誤。原因是搞錯了連接接收GPS信號，精密計時模組的電腦光纖。當時，設置實驗裝置的是義大利人，所以像我們集團裡，外國人很多，大家會開玩笑說：「別讓義大利人碰觸GPS裝置。」（笑）

我們也同樣做過讓微中子長途飛行的實驗，所以很多人問我們：「那則新聞是真的嗎？」每次我都會開玩笑的說：「是測量錯誤吧，那是義大利的裝置哦。」但其實並非如此。原因不是出在義大利的**裝置**，而是義大利**人**吧（笑）。

裝置沒有錯，負責的人才是問題所在。

邁克生．莫雷實驗

回到主題，繼續來談愛因斯坦想到的狹義相對論。先把基礎根據之一的「相對性原理」暫且放在一邊，從第二項「光速不變原理」說起。

「光速不變」就是不論在哪裡、用什麼方式量測，光的速度都是一樣的意思。等一下可以做做思考實驗，但先從歷史說起吧。為什麼人類會發現這件事呢？

有個有名的實驗，叫做「邁克生．莫雷實驗」。邁克生與莫雷兩人在19世紀末進行了這項實驗。後來只有邁克生獲得了諾貝爾獎，真可謂世事難料啊……。

當時，科學家已知道光是一種波。光具有所有波的性質。19世紀的理論物理學家馬克士威把光全部當成波來處理，確立了電磁學。

另外一提，把光當成粒子＝光子來思考的是量子力學，普朗克差不多在同一個時期（19世紀末期）提出「把光一個一個的數比較容易思考」，這方法與計算相當吻合。光既是波，也是粒子。兩者（依哪個層級計算）分別用於不同的狀態。

研究基本粒子的基本粒子物理學，把量子力學當成一種工具來運用（其他還有數學或統計學等工具）。

把光視為「波」來思考的話，有件事會成為問題。

也就是說，所謂的波，並沒有一種叫「波」的實體。例如，在水池或海上起波浪時，並不是「波」的物質在移動，我們是把水池、大海的「水」變化的樣子，稱為「波」。所以光也應該有變動的「傳遞物質（介質）」，相當於池水或海水之類的物質。

那麼，光的介質是什麼？光波對**什麼東西**造成變化？

結論是「電磁場」——光就是電磁場變化隨時間一起傳遞的狀態，介質並不是任何物質。現在聽不懂沒有關係，聽到後面大家就會明白了——當時，世人並不了解這一點，有人提出「介質是一種叫以太的東西」。他們認為宇宙充滿了以太這種介質（靜止的某物），經由以太傳播的波——就是光。

邁克生和莫雷也這麼想，所以他們做了一個實驗，想了解以太有什麼樣的性質。

這是地球繞太陽公轉的圖（圖17☞），我們假設上面是夏天，下面是冬天好了。夏天與冬天轉動的方向不一樣吧。如果宇宙中充滿以太，某顆星的光到達地球的速度，夏天會比較快（光的速度c＋地球的公轉速度v），反之，冬天會比較慢（光的速度c－地球的公轉速度v）。

邁克生與莫雷做的實驗，不是在夏天和冬天實際測量星光的速度，而是在地球上發射光。首先朝著與地球移動相同的方向射出光。然後再朝與地球移動相反方向射出。這樣一來，光的速度應該不同。

因為光的速度太快了，直接用碼錶測不出來，但邁克生利用「光是波」的特性，想出了「干涉儀」，利用檢查干涉條紋的移動，來測量速度（圖17☞）。波與波重疊時，有些位置的波會變強，有些會變弱，干涉條紋即是以此產生條紋圖案。如果改變光射出的方向，光速因而改變的話，干涉條紋的位置也會變動，然

圖17＊邁克生－莫雷實驗

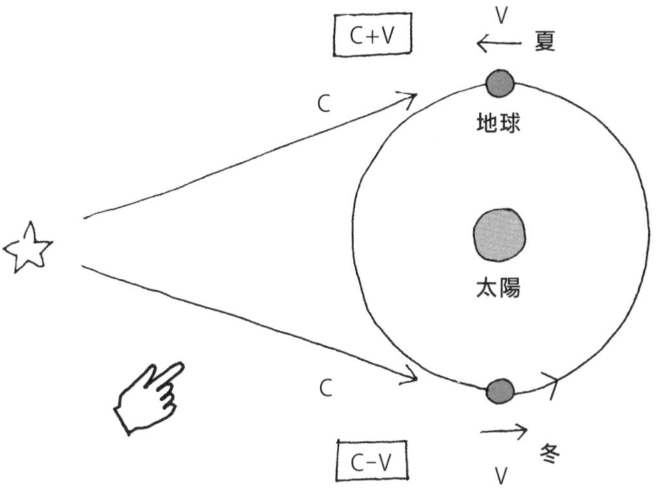

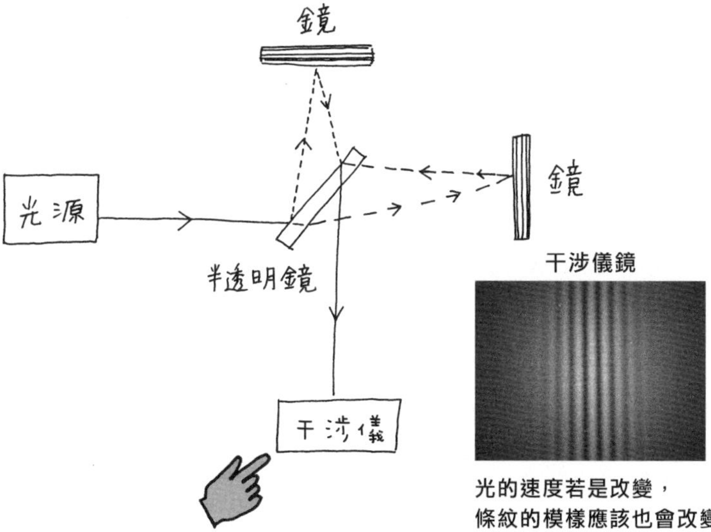

光的速度若是改變，
條紋的模樣應該也會改變，
但結果沒變。

而結果卻沒有變動。

舉例來說，照一般的想法，當我們坐電車，看到行駛在旁的汽車時，與己同向的車子看起來比較慢，反之朝反方向行駛的車，看起來會非常快。從這種感覺可知，速度會因測量人的狀態而不同。

但是光的速度呢？同向與對向的光速會有多大的不同呢？邁克生試著測量了一下，希望藉此了解傳遞光波的介質——以太的性質。

然而測量之後，令人吃驚的是，速度完全相同。不論是測從對向過來的光，還是飛馳而去的光，不論在什麼位置、怎麼測量，光的速度都是一樣的。光的速度恆常不變，與測量者的狀態毫無關係。這是以太（介質＝靜止的某物）不可能發生的狀態。原本測定的目的是想了解以太的特性，結果卻發現根本沒有以太。

從剛才電車與汽車的例子來看，這是不可能的，變成一個無解的謎。

這便是相對論的其中一個基礎，「光速不變原理」。光的速度確實不變。「速度」是**相對的**，會依測量人的狀態而不同。但為什麼只有光不論怎麼測、從哪裡測都是一樣的呢？採用從前牛頓力學的思考方式，是無法得出結論的。

為了說明這一點，愛因斯坦建立了狹義相對論。可是，狹義相對論到底正不正確呢？為了證明它的正確性，我們就來思考一下從狹義相對論預測的事。「理論」的意思，就是建立「如果這個理論正確的話，就能觀測到這樣的現象吧」的預測。然後，實驗物理學者實際觀測現象，證明「啊，這個理論果然正確」，理論的證明必須採取這種形式。

如果狹義相對論正確的話，會發生什麼樣的事呢？

狹義相對論預測的事①速度增加，質量也會增加

第一，「速度增加，質量也會增加」。

國中化學裡有學過「質量守恆定律」吧。「不論做出什麼化學反應，質量不變」。但是，速度加快，質量就會改變。

舉例來說，我們令這個杯子加速。靜止時，假設它是50公克。但是，當它漸

漸變快時，就會漸漸加重為60、70、80公克。

我們將它變化的情形畫成圖表（圖18☞），橫軸是物體的速度（v），圖表單位按光速的倍數來寫。縱軸則是質量會增加幾倍。

靜止的時候保持1倍的重量，但加速後，質量會少許的增加，從到達光速的0.8倍開始，速度急遽增加。當到達光速0.9倍時，質量成為2倍。從此開始快速變重，到達「1」——也就是說，到達光速水準時，線已經變成垂直了。這表示質量接近無限大。

我稍微解釋一下算式（圖18☞）與光速相同，也就是v＝c。c分之c是1。根號中（分母）會變成0，分母是0就是無限大的意思。

即使無限接近光速，仍然不是光速。因為要到達光速，需要無限大的能量。速度升不上去的話，就要以質量（能量）上升作為代替。

各位可能會懷疑「這會是真的嗎？」不把物體實際加快到光速，無法證明吧？我們用手丟無法達到光速的速度，可是人類想出了加速到接近光速的辦法，那就是加速器。

圖18＊狹義相對論預測的事①

速度增加，質量也增加！

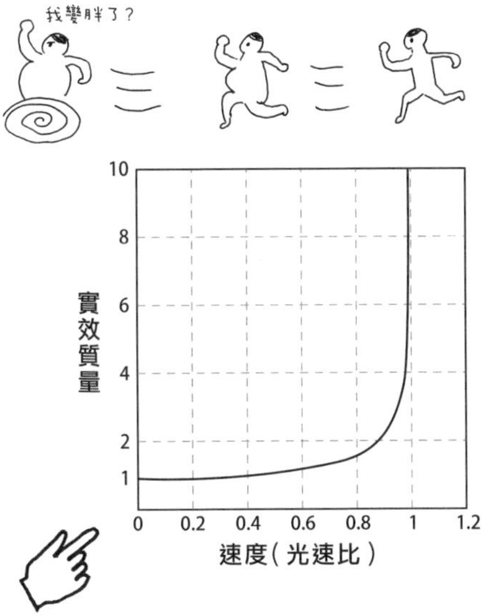

接近光速時，
即使能量增加，
速度也升不上去。

實效質量　　靜止質量

$$m_r = \frac{m}{\sqrt{1-\left(\frac{v}{c}\right)^2}}$$

速度
光速

如果，可以以光速移動的話
（c與v相同的話），√ 中會變為零。

也就是說，變成∞無限大！

有質量的物體到達光速，需要無限的能量

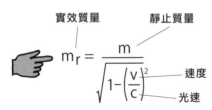

利用加速器可以將粒子加速到無限接近光速的狀態——光速的99.9999%等。所以，真的會變重。可是從那裡開始，不論再怎麼補充能量，也無法超越光速。有質量的物體到達光速，需要無限的能量，這一點從實驗中已經清楚的證明了。

狹義相對論預測的事② 速度增加，時間變慢

狹義相對論預測的另一件事是「速度增加，時間會變慢」。怎麼會說快速移動的物體，時間的流動會變慢呢。

我們看這個公式就會明白（圖19☞），速度（v）如果成為光速（c）的話，就是1／1，根號中等於零。也就是說時間停止了。如果太空船能以光速移動的話，船中的時間是靜止的。你可能在想：「蛤？這是什麼意思？」

這裡來做一下思考實驗。

圖19＊狹義相對論預測的事②

速度增加，時間變慢

$$t_r = \sqrt{1-\left(\frac{v}{c}\right)^2} \cdot t$$

t_r：移動的人的時間　　t：靜止的人的時間

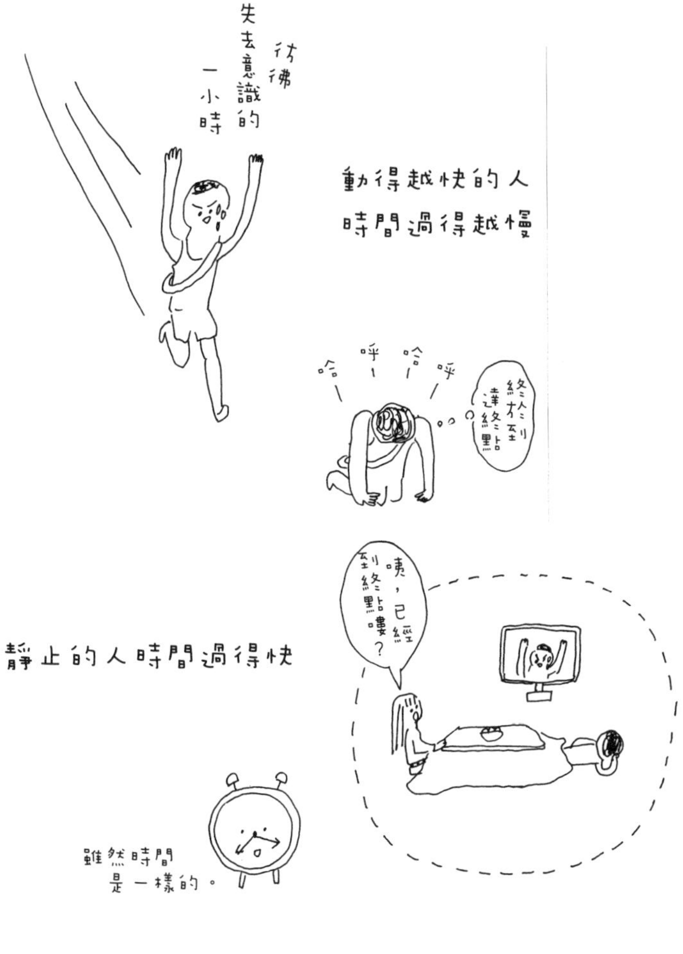

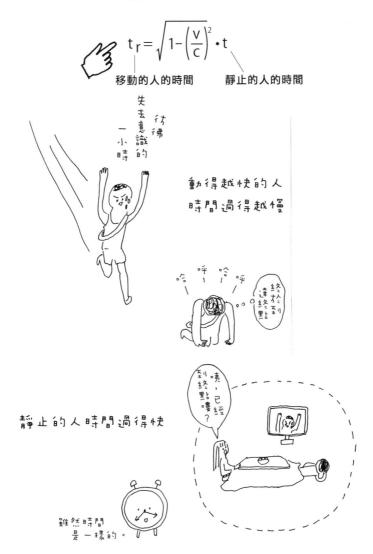

請想想「照鏡子」的行為，「照鏡子」在物理上會產生什麼現象呢？

❶從各位身體發出的光（照明光源的光反射到各位的身體），

❷到達鏡子，被鏡子反射，

❸到達各位的眼睛（返回）。

這就是「攬鏡自照」的現象。

請把它當成載具（圖20☞），載具中有人，假設那個人在看鏡子。另外，外面也有人在觀測。

這裡，假設人與鏡子之間的距離，正好等於光0.5秒行走的距離——實際算起來非常的長……15萬公里左右。為了讓大家簡單易懂，就設定成載具吧。

這時，剛才所說的「照鏡子」會是什麼狀況呢？請看「圖20❶→❷→❸」。

直到看到自己的模樣，需要1秒鐘時間。假設揮揮手，鏡中的自己一般也會約在同時動作，但在這種狀況下1秒後才完成動作，很有趣吧。

圖20＊思考實驗「照鏡子」
〈靜止狀態〉

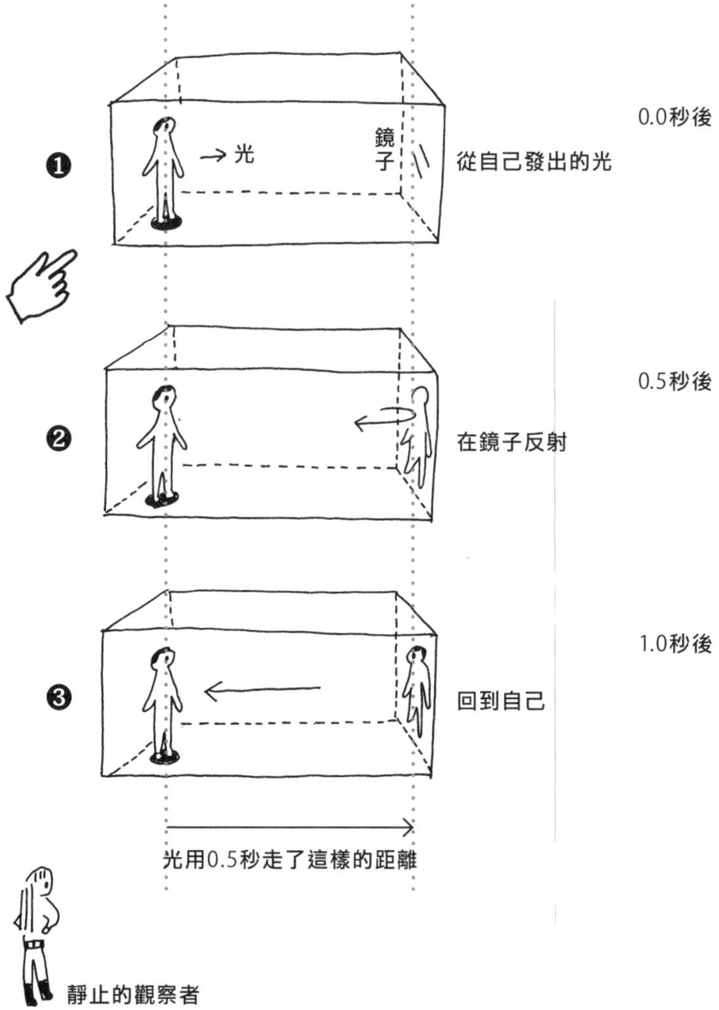

那麼，接下來，我們試著移動這個載具。它以非常快的速度——光速的一半速度移動。

載具中的人在照鏡子——首先，光從人體出發。同時，這個載具也在移動（圖21❶）。

剛才載具是靜止的，所以0.5秒後（❷），光到達鏡子。可是這次鏡子也在動，所以，它正好移動了一半（因為是以光速的一半）。（從靜止的觀測者來看，光移動的距離與剛才一樣。）

然後經過1秒鐘（❸），這時，光終於到達了鏡子的位置。在剛才靜止狀態下，1秒後，光會回到自己身邊。但是現在，鏡子以極快的速度逃離，所以，需要花時間追趕。

反射之後回來時，因為自己是以向前迎接的方式，所以速度變快，我用剛才的公式計算之下，是0.2秒（❹）。

也就是說，如果在移動的載具中，從鏡子裡看到自己的身影需要1.2秒。既然**載具在移動的狀態，光前進的距離也拉長**，所以才會需要用到1.2秒的時間。

圖21＊思考實驗「照鏡子」
〈運動狀態〉

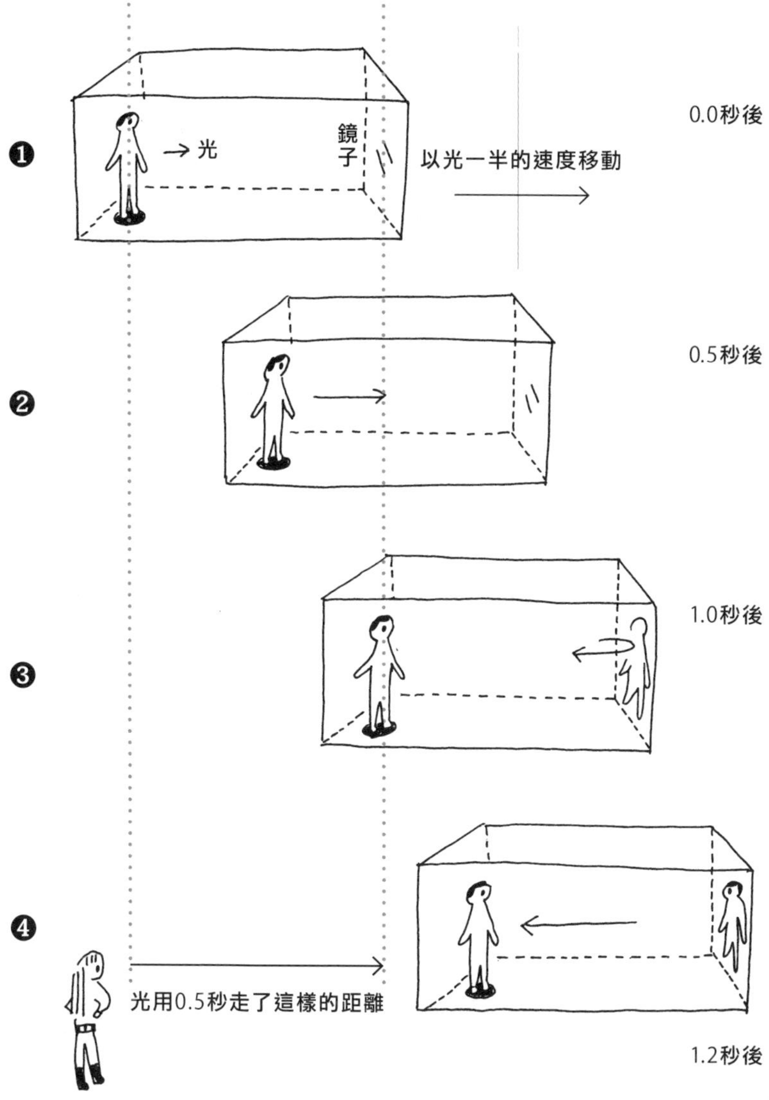

但是，實際上載具中的人看著碼錶，只經過了1秒鐘。與載具靜止時測得的時間一樣。

就如剛才所說，光的速度不論在任何狀況下都不變。它是絕對速度。不論在靜止的載具內，在移動中的載具內，速度**絕對**都相同。這裡有一個重點，靜止狀態與移動中的狀態下，光的來回距離不一樣哦。移動的狀態下，光來回的距離會比較長。光速雖然相同（絕對速度），只是距離有點差別。這樣的話，使用時間也因為較長的距離而多花了一點。多出0.2秒才對……。

在外面測量者的碼錶，會是1.2秒。光的確以1.2秒來回一次。然而，坐在載具中的人測量出來的卻是1秒。為什麼內部與外部的時間不同呢？這個差別要怎麼解釋呢？

光的速度固定的話，時間就變得有彈性

愛因斯坦解釋，這是因為「載具內的時間變慢了」。也就是說，外面靜止的

人經過了1.2秒，但是內部的人只經過1秒鐘。靜止的人與移動的人，度過的時間不一樣呢。移動的人經歷的時間會變慢。

若要將「光速不變」當作基礎的話，就只能做如此的解釋了。這就是剛才提到的「速度增加，時間變慢」的說明。有人會懷疑，真的假的啊？它違反了古典力學啊。因為古典力學的基礎是，不論在任何地方測量，時間的走法應該都一樣。

狹義相對論發表之後，有人實際做了實驗。

怎麼測量呢？準備兩個能夠極正確測量時間的原子鐘兩個，精確對時後，一個放在地上，另一個帶上飛機，隨飛機繞著地球飛行。與光的速度相比，當然慢得很多，可是，等它飛行之後再比較時，確實發現飛機的時鐘比較慢。

還有另一個可以更確實驗證的方法。說到人類製造出來，可以實際加速到光速的機器，是加速器。利用加速器使粒子近似光速飛行，粒子的時間應該會大幅變慢。沒有壽命的粒子只有質子和電子，其他的粒子都有壽命——極短的時間——就消滅了。

測量粒子正常到消滅的時間，發現加速的粒子壽命比較長。例如，1秒鐘損壞的粒子——壽命1秒的粒子，若是讓它以光速的90%速度飛行，它可以活2秒。若是加速到99.9999%的話，就能活約30倍。壽命確實延長了。一旦加速，內部時間真的變慢了。

換句話說，不僅是基本粒子，所有人的壽命都延長了。行動快速的人，比靜止的人長壽。對當事人而言，他只覺得時間過得很緩慢，不太有快慢之感。

在日本的趣味故事中，有個浦島太郎的故事。浦島太郎騎著海龜到龍宮，再回來時，自己還是小伙子，但周圍的人全都變成老人了。沒想到這真的是事實。可能海龜以接近光速的速度在行動吧。所以，只有浦島太郎一人的時間變慢了。

總之，可以製造去未來世界的時光機。大家坐飛機的話，壽命就會延長一點。雖然這裡賺到的時間少之又少，不足一提，但是原理上越接近光速，就確定能到未來去。但是，速度沒有負數，所以時光機只能去未來。

所以，狹義相對論預測的兩件事，「速度增加時間變慢」和前面的「速度增加質量也增加」，都經由實驗得到了證明。狹義相對論確實是正確的……

另一個根據，相對性原理

與「光速不變原理」同為狹義相對論基礎的另一個根據是「相對性原理」：力學定律不論在哪個慣性參考系，都以相同的形式成立。

簡單的說，它有點像是物理學家根深柢固、堅定不移的信念。

剛才的載具實驗中，不論是靜止狀態，還是移動狀態，都是用「速度」等於「距離」÷「時間」求得的。這個原理保證同樣的算式在兩者都成立。這個力學定律在我們周圍所有的地方都能成立。未來，若是人類能到黑洞附近，或是開發了接近光速的太空船的話，也許另當別論，但現在，它是一切共通的法則。

有一件理所當然，但非常重要的事，那就是如果「相對性原理」有缺損的話，在地球進行的實驗，將不能在宇宙中使用，因為地球在轉動（宇宙並不像地球有自轉和公轉）。但是，宇宙還是遵循著和地球一樣的定律，所以阿波羅號才能夠到達月球，並且順利回來。並沒有在離開地球的當下發現「其實定律不一樣」。同樣的物理法則在所有地方都通用。

只不過，這個「相對性原理」在有加速度的空間不成立。

例如，我們來玩投接球。在地表玩這個動作，大致都能成立。接下來如果我們在電車中玩，電車以相同速度進行時，也一定能成立。以和地表同樣方式投球，完全沒問題。可是，投出的剎那，電車突然加速，或是緊急剎車。這時候球就會飛向完全錯誤的地方去。一旦有了加速度，定律就不成立了。

以上就是「相對性原理」的內涵。

．相對性原理：力學定律不論在哪個慣性參考系，都以相同的形式成立。
．光速不變原理：真空中的光速恆定不變，與光源的運動狀態無關。

狹義相對論以這兩個原理為根基建立起來。

圖22＊相對論

狹義相對論

相對性原理：

力學定律不論在哪個慣性參考系，都以相同的形式成立。

光速不變原理：

真空中的光速恆定不變，與光源的運動狀態無關。

從上述兩個原理導出的理論。

廣義相對論

在狹義相對論上，加入

等效原理：

在局部區域，慣性力與重力等效。

建立而成的「重力理論」。

艾伯特・愛因斯坦

廣義相對論——為加進重力而導入「等價原理」

接下來，我們來談談廣義相對論吧。

狹義相對論中暫時不考慮重力，但重力確實存在，為了將重力加入，他想了這樣的理論。

・等效原理：在局部區域，慣性力與重力等效。

聽起來很難嗎？其實很簡單。你們常常看到這種影像吧（圖23☞）。在太空站或是太空梭中，太空人飄浮在空中的無重力狀態。

各位，你們不覺得有點奇怪嗎？這不叫無重力吧？太空站在地球四周繞行，如果你問，它是靠什麼力量繞行呢，答案是重力。在重力的作用下，太空站才能一直在軌道上繞行，不會飛到太空深處去。也就是說，這不是**無**重力，而是**有**重力狀態。

圖23＊等效原理

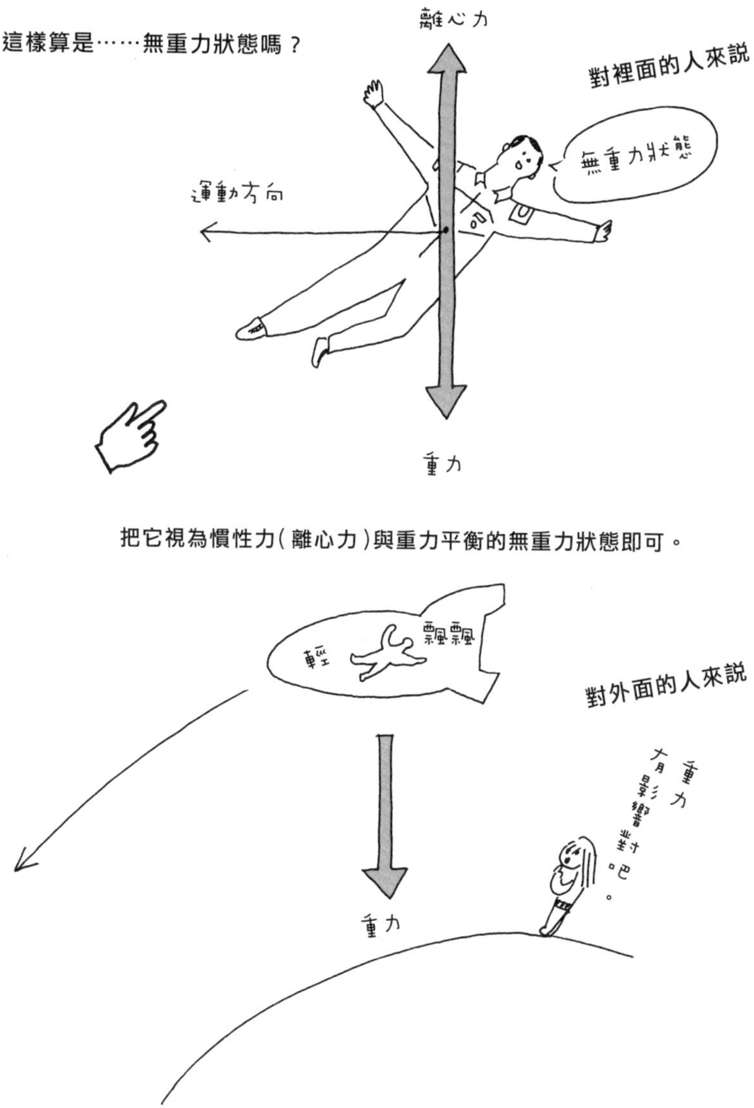
這樣算是……無重力狀態嗎？
離心力
對裡面的人來說
無重力狀態
運動方向
重力
把它視為慣性力（離心力）與重力平衡的無重力狀態即可。
輕
飄飄
對外面的人來說
重力有影響對吧。
重力

只是，由於運動的方向與重力呈90°，所以這個人同時也受離心力影響。離心力就是各位坐在雲霄飛車或汽車上，經過急轉彎時感受到向側邊斜倒的力量。

因為「離心力」與「重力」兩種力量維持了平衡，所以才會**感覺**到無重力。

離心力始終是一種虛有其表的力量（慣性力），但可以把這種「虛有其表的力量」與「真實的力量」——像重力這種自然界的「實力」——視為同一種力，就是等效原理。

乍看之下，好像並沒有什麼了不起，但其實非常重要。

重力等自然界的力量（詳細理論會在第四章說明），是利用傳接媒介粒子來傳送力量。另一方面，離心力產生作用的是運動難易的質量上（這部分也會在第四章說明，與希格斯粒子相關的質量），也就是說，它們雖然都是「力」，但卻是從完全不同的觀點思考出來的「力」。

不過，這兩種力維持平衡，可以把它們當成同一種力——原因不明，但是確實是相同的——事實是如此，所以就把它當成原理吧。這就是「等效原理」。

在太空站飄浮的人，也可以把他視為無重力。實際上，從那個人來看，他確實也感覺到沒有重力存在。而且，這裡也在進行無重力狀態中的實驗，它和真正無重力之處所做的實驗是一樣的。

・等效原理：在局部區域，慣性力與重力等效。

就是這個意思（這裡所說的「局部區域」指的是「太空站中」）。愛因斯坦藉著加入這個原理，把剛才的狹義相對論，發展成廣義相對論。

廣義相對論預測到的事①重力導致空間彎曲

剛才說到，如果狹義相對論正確的話，應該會發生這種情形——「速度增加，質量也增加」、「速度增加，時間會變慢」。同樣的，廣義相對論也做了預測，如果它真的正確的話，應該會發生這樣的事，第一點是：

重力導致空間彎曲。

空間彎曲是什麼東東？我們用2維空間，簡單的來思考一下吧。地球的狀態，就像放置在類似橡皮或海綿的柔軟平面——2維物體——上（圖24），空間因為重力而產生了彎曲。

用算式來表示的話，就是這個愛因斯坦方程式。

這個方程式的右邊表示質量（能量），也就是地球的重量。而左側稱之為$G_{\mu\nu}$的數，表現有多少空間彎曲了。愛因斯坦方程式，就是表示某質量會造成空間彎曲這麼多的算式。

今天一開始，我說過史瓦西解開了廣義相對論的方程式，找到了黑洞的特殊解。他解的就是這個方程式。他是為了計算用半徑多小的天體——多細的針——壓在這個空間（橡皮般的平面），會把它弄破（發散）？因為質量若是集中在一點（針尖）上，橡皮就會破掉。所以，假設用一根有地球重量，但半徑8.9mm的細針來刺的話，空間就會破掉了。

圖24＊廣義相對論

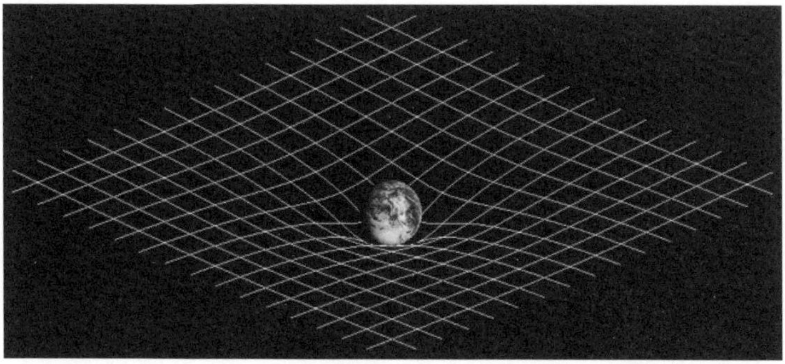

愛因斯坦方程式

$$G_{\mu\nu} + \Lambda g_{\mu\nu} = \frac{8\pi G}{c^4} T_{\mu\nu}$$

空間的彎曲　　宇宙常數　　質量・能量

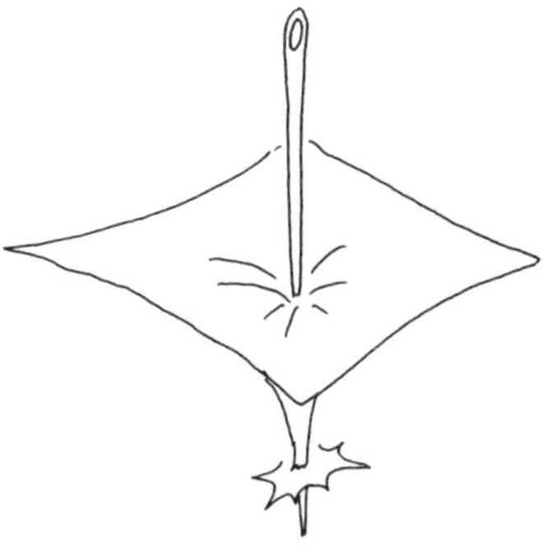

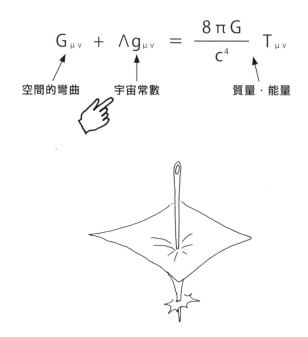

這個算式的中央好像加了什麼，對吧？（圖24☞）這個數值叫做「宇宙常數」，原本是不需要的，史瓦西在計算時也把它省略，一般都可以忽視的數值（視為零來計算）。

可是，愛因斯坦為什麼要加入這個數值呢？這一點，我們在下一章「大霹靂」時再細述。

重力透鏡效果——重力讓光彎曲

愛因斯坦提出理論之前，「有質量的物體會互相吸引」的現象都是用牛頓力學「兩者之間的引力作用」來解釋。

但是，愛因斯坦說「並不是引力作用吸引彼此，而是質量造成了空間的彎曲」。他解釋，當質量B物體接近質量A的物體時，會被A的彎曲捕獲，B會往A接近，這就是重力的真面目（圖25☞）。

初看時，好像兩個解釋都說得通，但有個決定性的差別。在牛頓力學中，必

圖25＊重力導致光的彎曲

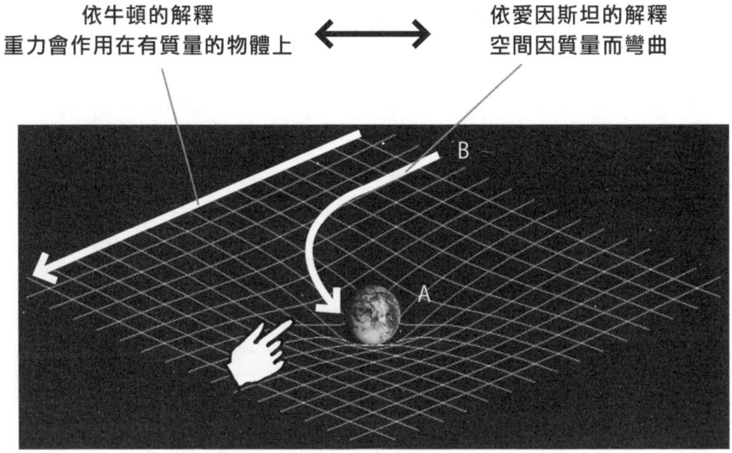
依牛頓的解釋
重力會作用在有質量的物體上
依愛因斯坦的解釋
空間因質量而彎曲
B
A

像光那種沒有質量的物質也會受到重力影響

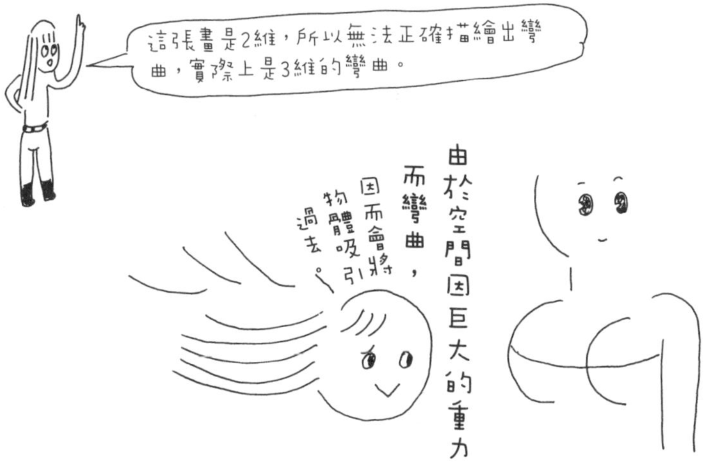
這張畫是2維，所以無法正確描繪出彎曲，實際上是3維的彎曲。
由於空間因巨大的重力而彎曲，因而會將物體吸引過去。

須一定是有質量的物體。但相對論中，只要一方有質量即可。也就是說，像光那種沒有質量的物質，接近有質量的物體時，用牛頓力學來解釋的話，它會直線前進，不受影響。但是照愛因斯坦的解釋，光會被捕獲，路徑發生彎曲。他認為，沒有質量的物質應該也會受到重力的影響。

光真的會因為重力而彎曲嗎？一九一九年，在廣義相對論發表的三、四年後，亞瑟．愛丁頓做了一項實驗。他進行了實際觀測，通過太陽附近的光會直線前進，還是會偏折。

這裡是一顆星（圖26☞）。地球上的人觀測時，從角度就可以知道這顆星的位置。

當太陽接近那裡時，如果廣義相對論正確的話，因為太陽重力的影響，光應該會轉彎偏離（圖26☞）。若真是如此，星星的正確位置在A，但看起來卻像在B（人在感覺上認為光是直線行進，所以，會以為星星位在眼睛看到光的直線前方）。只要比對太陽接近前和接近後星星的位置，就可以知道光有沒有因為重力影響而彎曲。就因為如此，他選了這樣的星星，正確測量太陽在附近和不在附近時的位置。

圖26＊光真的會因為重力影響而彎曲嗎？（重力透鏡效應）

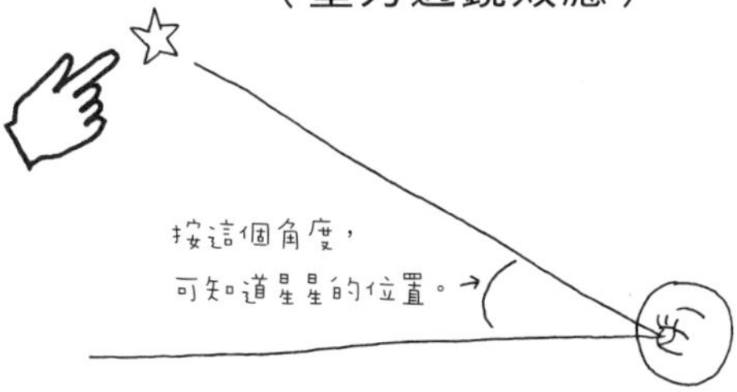

按這個角度，

看起來☆在不同的位置。

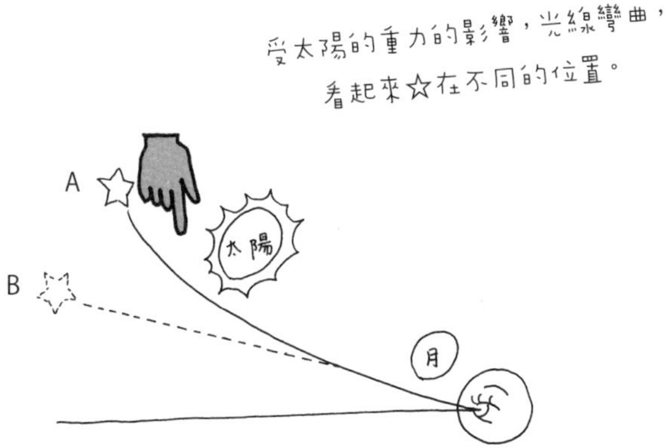
瞄準日食時刻觀測

即使像光這樣沒有質量的物質，
也會受到重力的影響（重力透鏡效應）
→透過觀測通過太陽附近的光，得到實證！

精確度太驚人了！！

亞瑟．愛丁頓

但是，因為太陽太明亮了，通常都看不到它旁邊的星光。所以，這個實驗特地選在日食的時候，當太陽被遮住，光線暗淡時進行。

觀測後，星星的位置真的偏移了。愛因斯坦所說，空間因為重力而彎曲的解釋——廣義相對論如果正確的話，就會發生這種現象——是對的。光真的也受到重力的影響。

而且這個偏移的角度非常厲害，是3000分之1度。測得的精確度超驚人。可是，這個偏移程度、彎曲程度，與廣義相對論計算出來的數值一樣。看來廣義相對論也沒有錯。

這種光線因重力影響而彎曲的現象，叫做「重力透鏡效應」。

廣義相對論預測到的事② 重力導致時間扭曲

說完「空間彎曲」之後，我們再來談談「時間扭曲」。

在相對論的世界裡，空間與時間受到同等待遇。時間看起來好像很特別，但

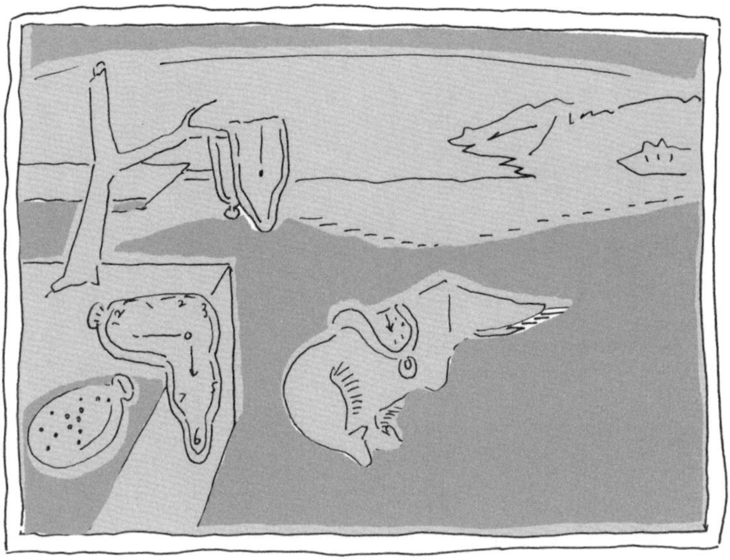

時光的靜止（1931）

是在相對論的算式上，時間也當成空間維的一部分。我剛才說過「這個世界是4維」，意思是空間3維，時間1維，所以合起來是4維——時間可以當成第4個軸來計算。

因此，如果重力能使空間彎曲的話，時間當然也會扭曲。

假設這裡有一個黑洞（圖27☞）。

黑洞非常重（重力很強），所以四周的空間都會彎曲，扭曲得很嚴重——就像57頁圖一樣。

我們想像有一架太空船進入那個扭曲的空間吧。如果太空船直線衝去，會被吸進去而墜落，所以，想像它稍微偏一點角度，旋轉著靠近它，類似吸積盤那樣的狀態。此時，在遠處觀測的人會看到什麼景象呢？

太空船不受重力影響時，它看起來會是一般的前進。但是隨著接近黑洞，漸漸就會像慢動作一樣。實際上太空船並沒有減緩速度，可是因為黑洞附近重力強大（空間彎曲），所以時間流就變慢了。

圖27＊重力與時間

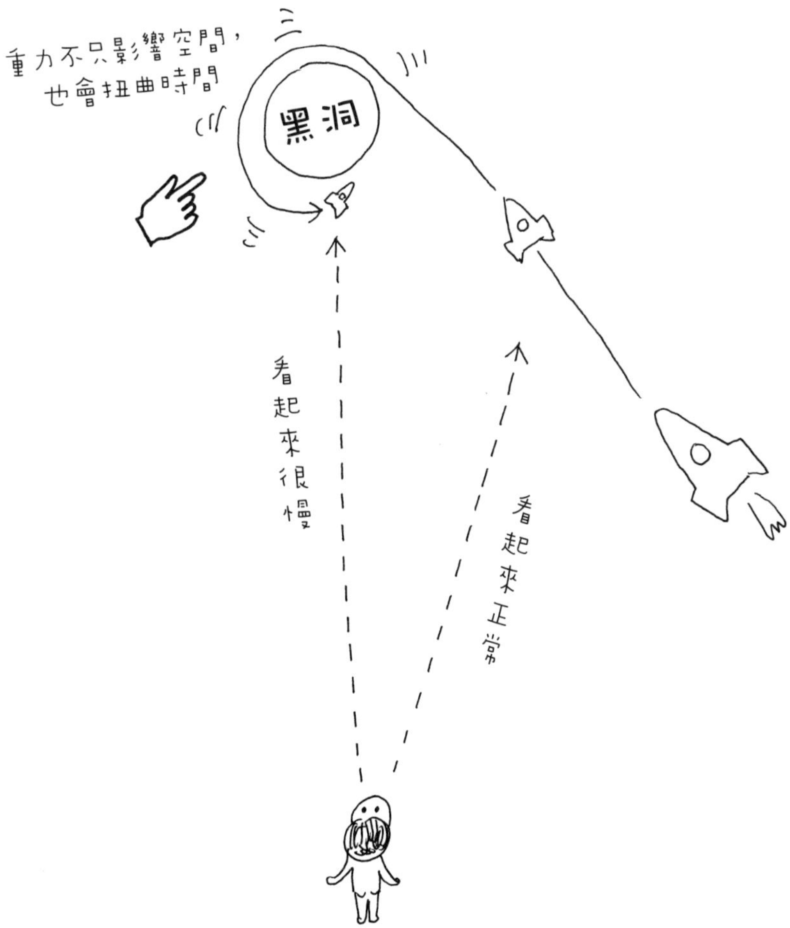

如果這個觀測者看得到太空船裡的時鐘，時鐘的時間看起來也會漸漸停止。但是坐在太空船上的人，卻完全沒有感受到這一點。他們會感覺「時鐘，還是照常在走啊」。但是，太空船的時間的確走得很慢。

速度與重力的等效原理——海龜的速度與龍宮的重力

剛才我講解過「加快動作，時間會變慢」的原理。同樣的效果在重力也會發生哦，因為「重力變強，時間會變慢」。

我再解釋一下前面的等效原理——就是讓太空人飄浮狀態的那玩意兒。剛才說到因為運動而產生的假想力（離心力）與重力可等價對待，而「行動加速，時間會變慢」與「強大重力導致時間變慢」也是一樣等價——這種等效原理也能成立。這一段可能有點難。

總而言之，就像離心力（＝運動產生的力）與重力會被當成同樣的力量，「運動（加速移動）」造成時間的延遲，也與「重力」造成時間延遲等效的意思。

我也說過，「快速運動延緩了時間，可以到未來去」，但運用重力也可以到未來去。也就是說，去重力強大的地方，停留一段時間，再從那裡回來的話，那個人的時間變得緩慢，所以就等於到未來去一樣。

剛才說浦島太郎故事的時候，我說「海龜以飛快的速度移動」，但也可以說「龍宮有極強大的重力」。說不定龍宮就是個黑洞，虧他去了之後還能回來咧（笑）。

運用強大重力，可以製造出前往未來的時光機器。但是，它也一樣，不能回到過去。因為重力沒有負數。時光機是一張單程車票。

以上就是所有相對論的內容。

白洞與蟲洞

最後，我們來思考一下不是單程車票的狀態。

把剛才時空扭曲的景象，從地球替換成黑洞看看。就像今天一開始介紹的史瓦西計算，以一根非常細（半徑在$\frac{2GM}{C^2}$以下）的針往下壓，使空間（橡皮）破裂的狀態，就是黑洞。凹陷的末端有奇異點（黑洞中心）。

各位記得奇異點有四種型式嗎？這裡，我們想像一下奇異點不是點，而是形成圓形環狀的型式——奇異點在旋轉的狀態。重點在於奇異點的中央是打開的。

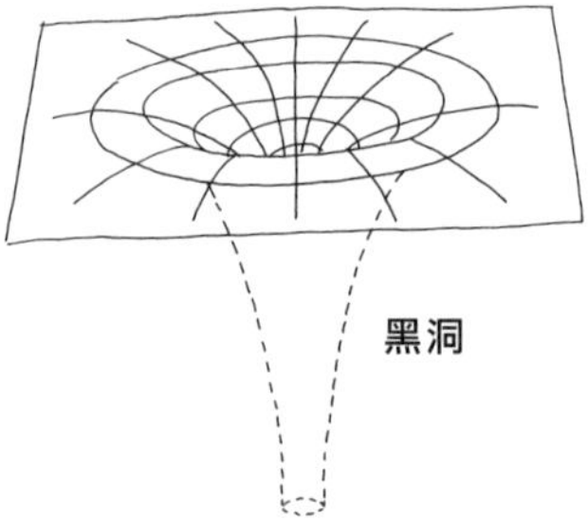

然後，再想想黑洞的**反方向**，試著「反轉時間」。反轉時間的意思，就回溯過去。我知道在現實中無法做到，但是在數學的世界，就悉聽尊便了。只是稍微把數字反過來——座標相反而已，十分簡單。如果這麼做，會出現什麼結果？我們可以從數學的角度來思考。

一起想一想吧。反方向的「解」是時間上的反轉，所以，就和膠卷倒帶一樣。總之它與「把一切物質吞進去」的黑洞相反，而是「把一切物質吐出來」。反正，畢竟是從數學上思考嘛。

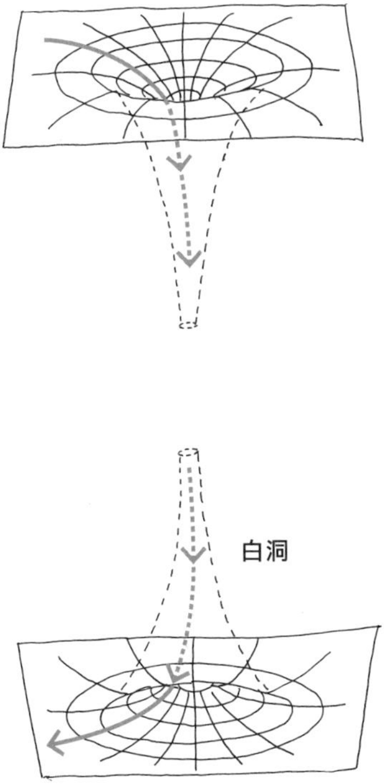

這個把所有物質吐出來的反黑洞，叫做白洞。因為是黑洞的相反……在這種緣由下，給了這麼一個單純的名字。實際上並沒有人觀測到，終究只是數學上的思考而已。

那麼接著，如果把這兩個連在一起，又會怎麼樣？

如果奇異點是史瓦西解（點）的話，做這種事也沒有意義。但是，如果是柯爾解（環）的話，環的中央不就可以貫通嗎？也就是說，黑洞與白洞的環狀洞相連起來，物體就可以從那裡通過了。這個相連的洞，叫做「蟲洞」。

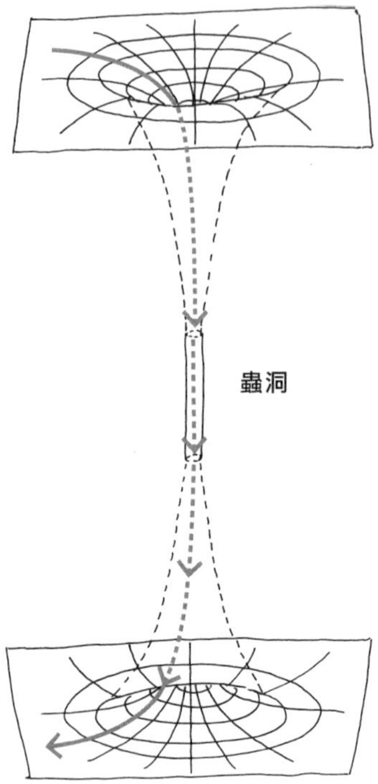

難道宇宙其實就是這麼回事？黑洞吸進去，經過蟲洞，再從白洞吐出來——如果有這種東西，就能在一秒之間從某個空間飛到另一個空間。換句話說，這就是「任意門」啊。可在短時間內移動到別的空間。

製造不出「任意門」的3個理由

但是很可惜，「任意門」實現的可能性極低，因為問題很多。

首先，我們並沒有發現白洞與蟲洞。如果它們與黑洞的數量相當，應該會被發現。但沒有人找到過。

有一段時期，發現在宇宙的遠處——表示是在宇宙初期創造出來的意思——發現噴發大量能量的天體，一般稱作類星體。有人懷疑：「它會不會是白洞呢？」但實際上是黑洞。那些能量是物質被吞進去時爆出的噴流。

最後還是沒有發現白洞。

第二個問題是，能夠平安通過嗎？

黑洞的重力大得非常恐怖。在地球上，現在作用在各位頭部的重力，與作用在腳部的重力並沒有太大不同，對吧。可是，在重力極端大的地方，即使是人體這種大小，頭與腳所承受的重力也相當不同。

舉個例子，有種東西叫潮汐力。繞行地球周圍的月亮，它的重力會造成地球海潮的起落。為什麼會發生起落的現象呢？因為地球上「接近月球一側」和其他地區的月球重力影響不一樣。因此，海水被月球拉引，變成橢圓形。滿潮與退潮就是因為月球對地球的重力不同所產生的現象。

由此可知，如果站在黑洞附近——例如「事件視界」附近的話，頭和腳所感受的重力大小完全不一樣，人會被拉長。嗯，當然啦，人體一旦被拉長縮短的話，就死翹翹了吧。

因為這個緣故，應該是無法毫髮無傷的穿過黑洞吧。人體分解成基本粒子狀態，就算能從白洞出來，也沒什麼好高興的。

第三個問題，「任意門」並不是「哪裡都能去」，而是「**任意到不知道哪裡**

圖28＊潮汐力

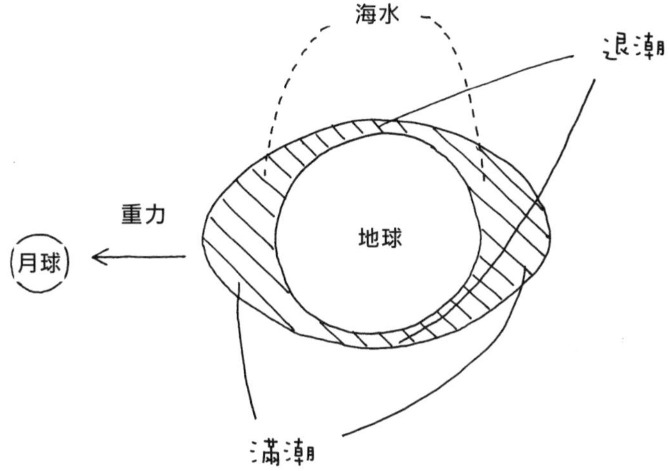

的門」。被白洞吐出來，到一個完全陌生的地方，而且再也回不來，是張單程車票。

因為這種種原因，現下還無法實現「任意門」。也許未來，科學家可能會想出解決這個問題的方法。

黑洞的理論因為與空間和時間無法切割，所以，人們會有「任意門」、「時光機」等很多想像。然而不論是哪一種想像，都是單行道、單程車票。不能回到過去，也不能回到原來的地方。

這一點提醒了我們一件非常重要的事。我就以它作為今天的總結。

「各位朋友，不要老是想回到過去，盡其所能的活在現在吧！」 b（*°∀°）

雖然這好像是個快被吸入的結論……（笑）。今天我們談了黑洞和相對論，下次將來思考一下「大霹靂」。

專題 I

定量的思考——微軟公司的徵才考試、放射線與電力的問題

不時會有人問我「物理學要怎麼念才會懂？」我念物理並沒有特別拿手，而且也並沒有很認真在念，所以沒有資格回答這種問題……不過，我覺得不只是物理，若是你有真正想專精的學問，還是應該買書，踏踏實實的學習才對，就算它會耗費很多時間和精力也沒有關係吧。

現在這個時代，不論什麼知識，都能輕鬆的在網上查到，但若想要求得紮實的學問，光靠網路還不夠。原因是網路上並沒有將各領域的知識、見解做有系統的整理（以後可能會出現）。關於這方面，沒有比書更好的求學工具。

只是，我們應該充分應用網路的便利性與速效性。有想知道的知識，若去找書的話，第一要了解該讀哪本書，然後再了解書在什麼地方，最後再查出該知識出現在該書的何處——一路查找到答案，曠日廢時。但是，現在「Google老師」一按即答。另外，了解一個知識又衍生出數個疑問時，「Google老師」也會用連結來回答你。

但是，從網路上獲得的知識，若沒有系統性的話，需要相當的技術和勞力，才能在腦中整理成「可以活用」的知識。大抵上都只是可以臨時抱佛腳的資訊。動動手指就可以取得資訊，雖然十分便利，但是這麼簡單得到的知識，同樣也會輕易的忘記，真的。

因此，上網搜尋，並且用功讀書，是現今最好的學習方法。

至於本書，我希望各位不是用來學習宇宙物理學，而是作為「增加興趣的入門書」來應用。閱讀本書的讀者，如果能因此對宇宙物理學產生興趣，再繼續閱讀專業書的話，就已經充分的盡到本書的任務了。

可是只有這樣，好像沒有回答開頭的問題，所以，撇開具體的學習竅門，我先來說說「物理學式的思考方法」吧。

不久前，坊間出現了好幾本「理科人是什麼樣的人」的書籍。但我覺得這些書對理科系的人完全不了解，令人懷疑「這些作者真的認識理科人嗎？」（笑）。就根本而言，那些書的封面大多畫著穿白袍的學者模樣，可是至少物理學家並不穿白袍（我一件都沒有）。

那麼，現實中的「理科人」有什麼特徵呢？請見下面。

· 邏輯性的思考。
· 定量的思考。

「邏輯性」很好懂，但什麼是「定量」呢？

各位讀者，你們聽過微軟公司的徵才考試嗎？據說種種艱深的難題（一般人認為的）突如其來的向應徵者丟來。舉例來說，他們問過這種問題——日本的鋼琴調音師有多少人？（實際上是「美國」，但這裡就改成日本好了。）

遇到這種問題，各位會怎麼回答？

首先，假設將日本全國人口估算為5千萬戶，其中一成比例的家庭有鋼琴。也就是說，日本就有5百萬台鋼琴。

然後，假設兩年要調一次音。這樣的話，一年就有250萬台鋼琴需要調音。

那麼，調音師可以以多快的速度調音呢？他必須走訪許多家庭，所以我們假設一個人一天只能調兩台鋼琴。一般人工作的天數，一年大致上是250天。所以，每一人一年內可以調5百台。不過現在不景氣，工作日並非每天都有工作進來，所以再假設調音師接到的訂單，只有能力的50％程度。也就是說，一年的調音數是250台。從以上的推論：

・一年必須調音250萬台鋼琴。
・一年每人調音的鋼琴有250台。

這麼算起來，調音師有一萬人。這就是我的答案。

看我這麼寫好像很有把握。但其實我並不知道實際上調音師數量到底有多少。因為所有的推測都加了假設進去……

但是，有邏輯而定量的思考，就是這麼回事。可以帶入假設，畢竟重點在於思考的理路，因為只要在知道「日本的家庭有多少戶」、「鋼琴占有率是多少%」等實際數字的階段，將數值代入就可以了。

微軟公司的人也並不是要精準的數值……如果你給了完全標準的答案，如「8726人」，他們反而會懷疑「這傢伙是哪來的啊？」覺得有點恐怖吧（笑）……他們看的是這個人可以建立什麼樣的邏輯，**怎麼樣的定量思考**。我剛才是從人口和鋼琴數量去思考，但應該也有別的思考方式（例如，它可以被視為一份工作，亦即從薪資面來思考）。

本書列出的宇宙相關數值（宇宙年齡、哈伯常數與其他很多數字）等的重點，也在於「它是如何導出來的」的思考方式。一旦建立了思考理路，剩下的，等後世以更精密的觀測技術，按順序修正數值，提高精確度就可以了。哈伯最初求出的哈伯常數，與幾年後追求更高精確度得出的數值相比，差了好幾倍。可是，哈伯常數的追求方法、其意義，與如何將它活用在宇宙論中

是嗎!!
原來是這樣!!
狼吞虎嚥
密密麻麻
哦哦
咦?
從書本上踏實的讀通有系統的學問吧。

等思考邏輯，直到現在還在使用中。

這就是理科人的思考方法。

定量的思考放射線

自從東京電力公司核能發電廠事故之後，放射線成了一大問題。本來它也應該是定量性的問題。在那起事故之前，大家早就曝露在放射線中了，就算沒有發生事故，我們每天都還是把放射性物質吃下肚，為了醫療，更故意照射大量的放射線。即使如此，我們還是能生活得安全無虞，因為這全是「量的問題」。

但是，再怎麼試圖定量的思考，但它也已經成為「0或1」的問題，「有沒有定量都無所謂，只要不是零就不行」。

核能發電廠原本在安全防護的設計上，設定了具體的數據，像是面對地震造成最大加速度○○伽、海嘯××公尺，將可以安全係數△△抵擋住。可是當他們拿出數據時，民眾的反應卻是：「我們只要知道，到底安全還是不安全！」大部分日本人都做不到定量性的思考。

所以，不論是政府還是東京電力都認為「反正說明數據，也沒有人要聽」，便宣稱：「絕對安全。」但是任何事物都不可能「絕對安全」，最終也只是對假定的數值是否安全而已。

不論是政府還是相關機構，將自己定量評估的結果，用一句「安全」向全民交代，但如果涉及到「無法信任他們是否真正安全」的層級，那就只有自己做定量評估了。自那個事故發生以來，關於放射線的詐騙事件層出不窮，被騙倒的人不計其數。若想要不受騙，自己就得好好學習，有邏輯的、定量的思考才行。

未來，學不到這種思考的人，更容易被非定量性的語言所騙，損害自身權益。

對核能發電的個人淺見

本書的主題是宇宙，所以我不想談政治性的話題。不過，我想稍微針對核能發電談談個人的看法。沒有興趣的讀者或是不想接觸這類話題的人，敬請跳過這段。

核能發電就算是運作上暫時完全安全，其廢棄物的問題，日本還是無法解決，從這層意義來說，它可以算是不完全的發電方式（為求謹慎，我先聲明一下，其他的發電方式，沒有一種能做到沒有問題的「完全」發電）。這起事件曝露出安全和管理問題，輿論熱烈的討論：「應該立即廢止核電！」但我不太贊同這個看法。因為臨時叫停，並沒有可以替代的能源。當然開發新的替代能源是當務之急，也應將它當成國家事業中最優先處理的問題，但是開發新能源需要相當久的時間。

例如，技術最為成熟穩定的火力發電，建設一座發電廠需要多少時間呢？1～2年是絕對不夠的。我工作的J－PARC隔壁，正好是常陸那珂發電廠。他們的2號機從發生大地震的幾年前就開始建設，在本文執筆時依然尚未完成（據說預定在二〇一三年中完成〔譯注：2號機於二〇一三年12月18日起加入營運〕）。建設單位並沒有怠忽工作，因為在隔壁，我很清楚每天都有大量的人車進出廠地，盡全力的在建設。

該發電廠的1號機也因海嘯的侵襲而損害，曾有專家表示「幾年內不可能復元」，然而他們只花了一年時間就開始輸送電力。當時推進工程的方法，只能用壯觀來形容。

核能發電廠每一機組的發電能力，是1吉瓦（GW）。現代人需要的電力大約是每人1千瓦，所以每一座可以供給1百萬人份的電力。整建1百萬人份的基礎建設，是一個從計畫、建設到使用為止耗費多年的大事業。而且，若想在工程中運用新技術，則還必須將開發的時間包含進去，這樣就可能需要10年以上的時間。所以它是個馬上就得開始的工程。

至於替代能源，有人推薦太陽能或風力發電，可是那些人大多數都沒能夠做到「定量思考」。

一座標準的風力發電機的額定功率是2百萬瓦（MW），若是1吉瓦（GW）的電力由它替代，即使產能利用率設定為100％，也需要5百座才足夠。比現在日本最大風力發電廠多一個位數。想要建設5百座風力電廠，從計畫到買地、製造、設置，需要多少年月和勞力呢……

關於太陽能或風力發電，也有人會說「在德國～」「在歐洲～」，該地為什麼能發展得這麼成功呢？答案無非是從很早之前，就投入時間和精力進行研究、開發與建設。如果沒有這些踏實的努力，只是叫嚷「別國可以做到，日本應該也可以！」根本沒有意義。日本沒有能力和歐洲看齊的原因，是因為以前並沒有舉國投入準備。數十年前，當日本取得夢寐以求的能源——核能之後，便心滿意足，怠於開發其他能源。

說到「懈怠」，我必須向從事開發替代能源的人士說聲抱歉，但是政府沒有將它作為核心事業在經營也是事實。許多國民在那場大地震發生前，都一味的認為「只要按下開關就會自動來電」，對於「電力如何生產」一向漠不關心，直到這次地震卻一下子熱烈關注起來。一筆積了數十年的帳，也得分幾十年慢慢歸還才行，不可能一年兩年就還得清。

本來必須花數十年建構的事物，因為心急而想立竿見影時，就會在許多地方出現左支右絀，甚至引發新的問題。這些窘境歷歷在目。而在替代能源還沒有著落之時，就廢除所有核能發電廠的話，日本恐會亡國。

「只要大家一起省電就行。」抱著這種思維的人，眼中只看得到自己直接消費的電力，不管是衣料、糧食或任何產品，今天的日本已無一件東西是不靠電力就可以製造出來的。

也有人說：「人窮又不會死。」那是沒有經歷過真正窮困的人才會說的話。雖然只是一個例子，但日本3萬名自殺者之中，約有4分之1是出自於失業或公司經營困難等經濟因素。一旦電力供應急遽變化，工作無法繼續維持，將會在經濟和精神上把許多人逼上絕路。

包含人類在內，所有生物都難以承受劇烈的環境變化，而對人類來說，不只是自然環境，像上述的社會環境變化也都很難適應。重點在於如何在不造成負面影響的程度下，和緩的改變現狀。以電力的問題來說，應該在不使民眾社會或經濟狀況惡化的前提下，轉移到替代能源。不能因為池水髒了，就把水一口氣抽乾，這樣棲息在池中的生物都會死亡，必須一點一點的將水換掉才對。

未來，我們應該比從前更嚴格的監督政府及各公共機關的作為，但為了能適切的監視、準確的批評，更不可缺少定量評估的態度。

第二章

大霹靂

人類為什麼無法想像宇宙

謝謝各位冒著大雨來聽這堂課。

上次我說了黑洞和相對論，今天我要繼續談談與前兩者互有關連的大霹靂。

在進入主題之前，我想稍微說明一下，「什麼叫做溫度？」如果可以想像溫度，會比較容易了解大霹靂的理論……。

各位平常會說「溫度很高」，但是，各位知道究竟什麼是「溫度」嗎？溫度指的是「能量的密度」。一個有限的空間中，聚集了多少能量呢？將它用數字表現出來，就是溫度。「某空間飄浮粒子能量的平均密度」。

例如，這裡有兩張聚集了粒子的圖片（圖29 AB）。箭頭表示速度（運動能量），兩張圖的箭頭方向和大小都完全一樣，只是A圖的粒子相互靠近，B圖則分散。A是溫度高的狀態，B是溫度低的狀態。即使每個粒子攜帶的能量都完全相同，但只要空間大小不同，就稱之為「溫度不同」。換句話說，溫度的差別端視粒子飄浮的空間是緊密還是空曠來做區別。散布在寬敞空間溫度較低。

坐電車通勤的朋友，夏天早上通勤很難受吧。車廂內擠沙丁魚又悶又熱，

圖29＊溫度是什麼？

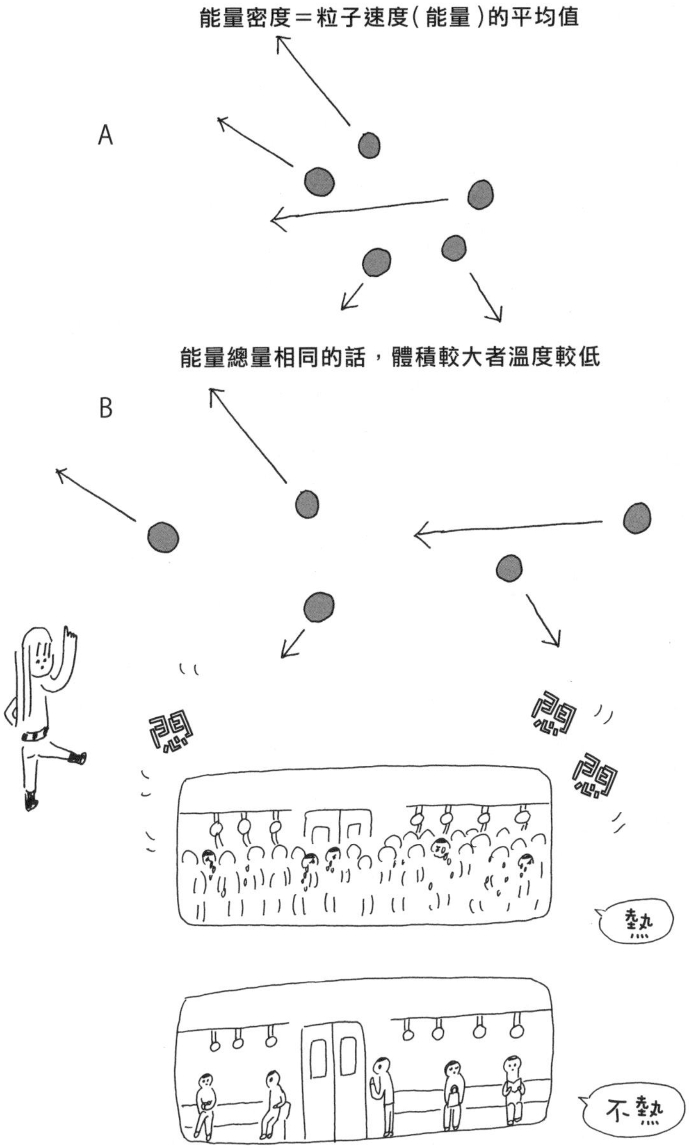
能量密度＝粒子速度（能量）的平均值
A
能量總量相同的話，體積較大者溫度較低
B
熱
不熱

相反的，到了深夜時就空盪盪，乘客分散開來，就不會那麼熱了。每個人的能量（一個人散發的熱量）雖然相同，但溫度會因為空間大小和能量密度而有差別。這個印象請各位先記下來。

順便一提，你們知道空調也是利用這個原理嗎？

冷氣機裡有一種氣體叫冷媒，它會在室內機和室外機之間來來去去（圖30）。室外機壓縮冷媒，冷媒的溫度會變得極高，然後再藉由接觸外面空氣，讓冷媒降溫（熱只會從高處向低處傳播，所以若是刻意不讓它熱的話，就無法丟棄）。

重點來了。當冷媒從室外進入室內機時，會將它從壓縮解放開來（壓力回歸），於是它便**膨脹**變冷。

就好像要把熱騰騰的湯麵呼呼吹冷一樣，將口中壓縮的空氣，**從壓縮中解放**，回到原有的氣壓時，就會膨脹而（呼氣）變冷。但如果不壓縮，而在同樣氣壓下吐出（像是呵氣），就不會變冷。

像這樣，局部急速膨脹，又變冷的冷媒，與室內空氣接觸，就會令室內變得涼快。

圖30＊冷氣機原理（絕熱膨脹）

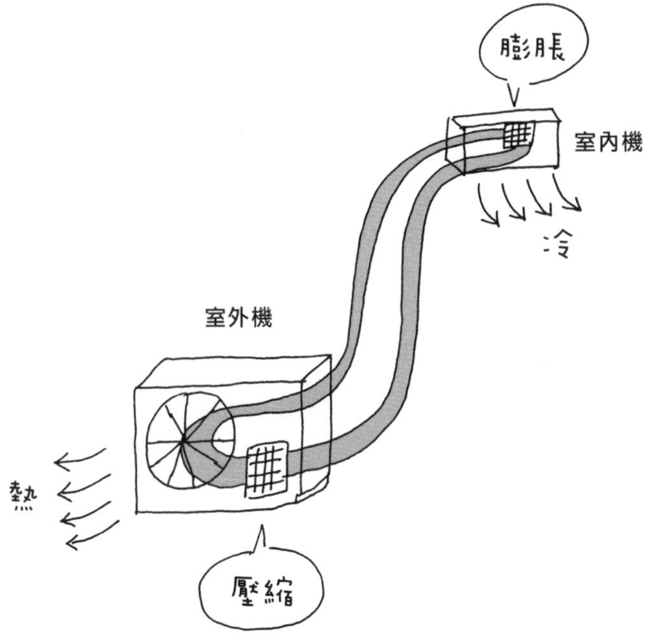

這個「急速擴張」的現象，會與大霹靂的理論相關，所以也請各位先記在腦中。

掉落的蘋果與不掉落的月球

再請你們思考一個現象，把它當成另一個預備知識。為什麼月球不會掉到地球上呢？

回答這個問題的是艾薩克·牛頓（圖31）。他是個很有名的物理學家，相信很多人都知道他。

他最偉大的成就，就是歸納出「運動定律」。當時最為人所知的是「克卜勒定律」。行星依據這個定律在運行，但原因為何呢？人們還無法了解它的機制。然而牛頓解開了它的機制。

物理學家的工作，就是對世間發生的現象，解開它的原因，了解它的機制，並且給予系統化的理由。

圖31＊為什麼星星不會墜落？

簡單的說，因為它在運動。
這個定律在今天後半，
和下一回的「暗物質」中都會提到，
請先記在心裡。
Newton

我們常常聽到牛頓看到蘋果掉落而發現重力的故事。那個是後人附會的創作，與其說牛頓思考蘋果掉落的原因，倒不如說他想的是「為什麼天空的星星不會掉下來」。而且得出一個非常簡單的結論。那就是：「它們都在動。」

我畫一個地球與人造衛星的圖（圖31）。人造衛星若是靜止，當然會因為重力而墜落地球。但是，只要它保持某種速度，速度（運動能量）與重力（引力）就能維持抗衡狀態，在地球周圍繞行。速度太快的話，會飛向宇宙，速度太慢就會被重力吸引而墜落地球。為了不要掉下來，它必須得卯足全力的保持平衡才行。

而就在牛頓思考為什麼星星不會墜落？為什麼行星繞著太陽周圍轉時，想出了「運動定律」。

星星為何散布在宇宙間？

好，現在開始進入今天的主題。上一回我們介紹了廣義相對論和愛因斯坦方程式（圖32），大概只讓各位認識「有這麼一個方程式」，但它其實是個計算有多少質量，就會造成空間多大扭曲的方程式。

以「空間的扭曲」來表現重力，是廣義相對論的新創意，以前牛頓所想到的萬有引力，只說到有重量的物體，彼此會互相吸引。但在廣義相對論裡提到，空間本身會彎曲。所以像光那種沒有質量的物質，也會受到重力的影響。

將愛因斯坦方程式套用在整個宇宙時——雖然他本人也察覺到——當時的人

圖32＊愛因斯坦方程式

$$G_{\mu\nu} + \Lambda g_{\mu\nu} = \frac{8\pi G}{c^4} T_{\mu\nu}$$

空間彎曲　　宇宙常數　　質量・能量

發現了一件事：「這麼說的話……如果置之不理，星星互相拉引，最後豈不是全都凝結在一起了嗎？」

也就是說，如果在**只有重力運作的空間**，星球彼此會互相吸引，朝著凝結方向演進，而不會像現在這樣散布開來。歸根究柢，為什麼現在的宇宙，物質（星球）會這樣**散布**，而不是凝結在一起呢？

當然，同樣的質疑在牛頓力學中也成立。**萬有**引力——意味著所有物體都有引力，因此問題也是相同的。只是，在牛頓的時代，最多只注意到行星運動的程度，還沒有思考到全宇宙的問題。直到愛因斯坦的方程式出現，好不容易宣告「這是決定全宇宙的方程式哦」時，大家才想到：「欸，不太對耶。」

因此，愛因斯坦為了反駁這個論點，加入了「宇宙常數」這一項。因為「宇宙常數」**這種排斥的力量**，宇宙才能運行。

宇宙常數？

可是這個方程式出現各種問題，最大的問題在於「宇宙常數是什麼」？有些人認為：「宇宙中真的有排斥的力量？怎麼可以把不明的物體放入方程式裡呢？」

而且這個「排斥的力量」必須與「重力」完全保持平衡才行。只有和重力維持平衡狀態，天體才能處在現在的狀態——既不過分擴張，也不過度密合——完美的散布且安定的狀態。就像最前面說的人造衛星運動一樣，必須與重力維持完美的平衡，但「真的有那麼恰到好處的力量嗎？」

根據廣義相對論可以知道，質量會扭曲空間（愛丁頓在日食時做的重力透鏡實驗也證明了這一點），但是，若是如此，就與現在宇宙的狀態出現矛盾……。為解決這個矛盾，千辛萬苦加入了這個「宇宙常數」，結果卻反而招致批評。

後來——今天待會兒會說——世人明瞭宇宙一直在擴張，如果**宇宙本身**就在擴大的話，就不會發生因為重力互相吸引，聚合到一個點的問題。星球一直在運動，所以形成現在這種散布的狀態。

也就是說，很明顯的宇宙常數是多餘的數。愛因斯坦很後悔的說：「這真是我人生最大的失敗……真不該放進這種東西。」連愛因斯坦都會搞錯呢……。

近年來，一般人也都認為，宇宙常數不能用了……但後來又發現並非如此。

從球丟出去到球落下來的幾億年瞬間

證明方程式不需要「宇宙常數」的是愛德溫．哈伯。

哈伯經由觀測，證明了天體本身在移動——朝著某一方向遠去，也就是說宇宙在膨脹。

在地球上，物體通常都會因為重力而落到地面（圖33☞），但是，如果加入速度的話，就有可能反重力的前進（圖33☞）。

我們都還活在「上升的瞬間」——只不過在宇宙時間中的「瞬間」，卻是數億年。至於為什麼星球並沒有因為重力影響而聚合，而是向遠處移動，因為我們剛好只看到現在這個飛上去的瞬間而已。這是哈伯的看法。

哈伯從哪裡知道星球都在遠離呢？因為他研究了各個天體的速度。在宇宙中，各個天體是以什麼樣的速度在移動呢？

星星的光是在氫氣燃燒變成氦氣時發生的。人們了解了星星燃燒的原理，所

圖33＊重力與速度

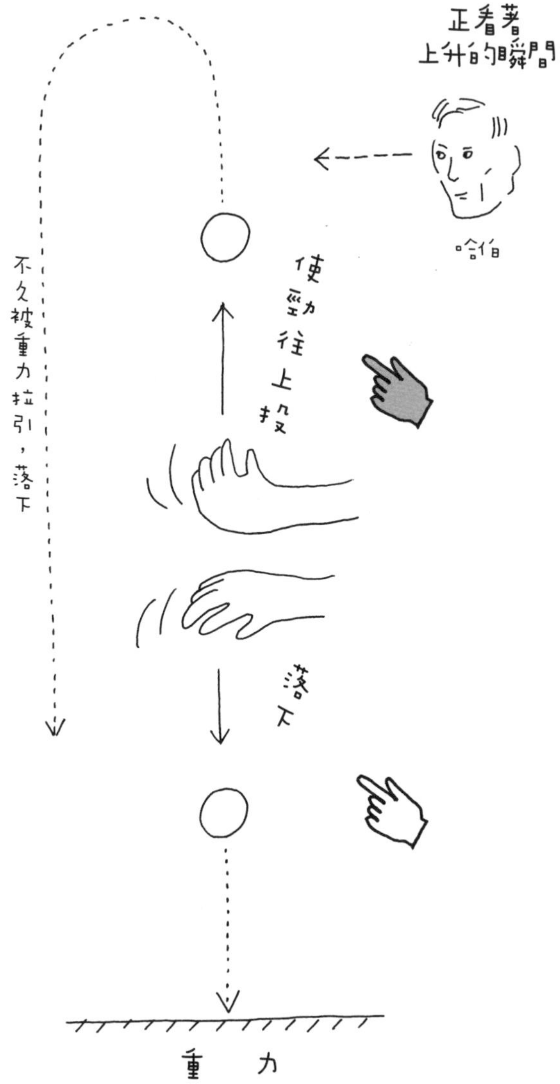
正看著
上升的瞬間
哈伯
使勁往上投
不久被重力拉引，落下
落下
重力

以也經由地球上的物理學實驗，了解了星球上發生的光的波長。他們認為星星應該會發出這種波長的光。

但是，觀測這種波長的光會不會到達地球時，實際卻比預測偏移。（圖34☞）全體都向著波長較長者偏移了。波長會使光產生不同的顏色，但全體都向紅色的方向（波長較長者＝能量低）。

發生了什麼事呢？我們如果用聲音（音的波長）來想想比較容易了解。救護車靠近時，警笛聲會比停車時聽起來音調更高，但遠離時，聲音會漸漸變低。聲音的波長會因耳朵與救護車的相對速度——接近或是遠離——而有變化。因為遠離時，波長會變長。這叫做都卜勒效應。

所有星星到達地球的光，會比那些星星原本發出的波長，更向紅色（波長較長）的方向偏移（這叫做「紅移」）。

也就是說，所有的天體都在遠離我們的意思。哈伯經由觀測，證明了這個現象。

圖34＊紅移

研究星系的星到達地球的光……

比本來的光譜更偏移到紅色方向
（能量低＝波長較長）

波長變長，就代表……

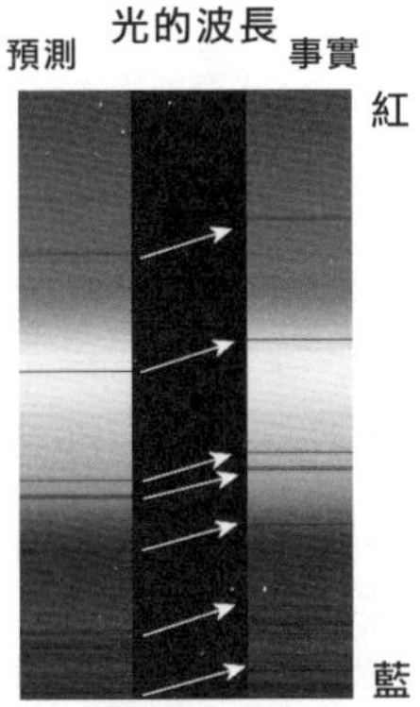

光的波長
預測
事實

藍

駛近的救護車（一般的波長）

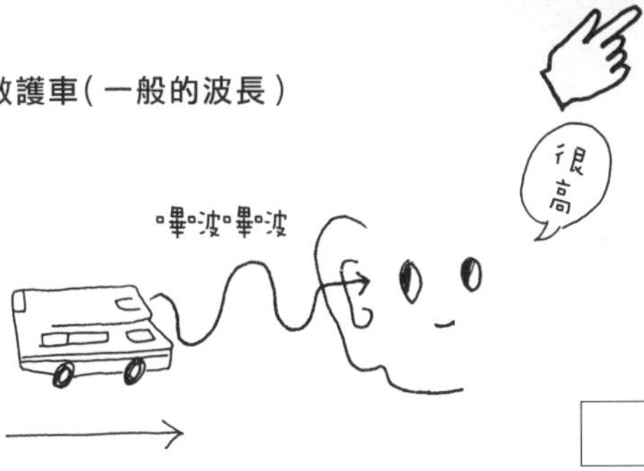

很高
嗶啵嗶啵

都卜勒效應

駛遠的救護車（拉長的波長）

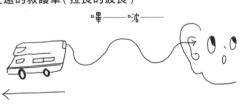

很低
嗶——啵——

先把「發生都卜勒效應了」
暫且丟在一邊，
細節後面會提到。
星系是朝著
更遠的方向移動。

如果所有的星球都在遠離我們的話……

如果能正確測出光線波長的偏移（紅移），就能計算得出它以多快的速度遠離。它是以秒速多少公里在遠離我們呢？

相對的，我們也可以從地球測量到每個星球的「距離」（測量方法請見本章最後的專題II），哈伯研究各星球遠離的「速度」與到各星球的「距離」之後，整理成關係公式。

關係式在這裡（圖35☞）。橫軸是地球到該星球的「距離」，縱軸是遠離的「速度」（＝退行速度），全是看不太懂的散亂數據，可是哈伯那位先生，看了這個圖，竟然一筆畫了一條直線……真是大膽得令人佩服啊（笑）。

如果直線真的往上走的話，就表示距離與退行速度成比例關係。換句話說，越遠的星，遠離的速度越快。

光靠這樣的數據就畫直線是非常大膽的舉措，但是在此之後，時代進步，人類可以測量到更遠的天體，圖表可以伸展到更遠的位置，就會發現靠近零的附

圖35＊天體的距離與退後速度

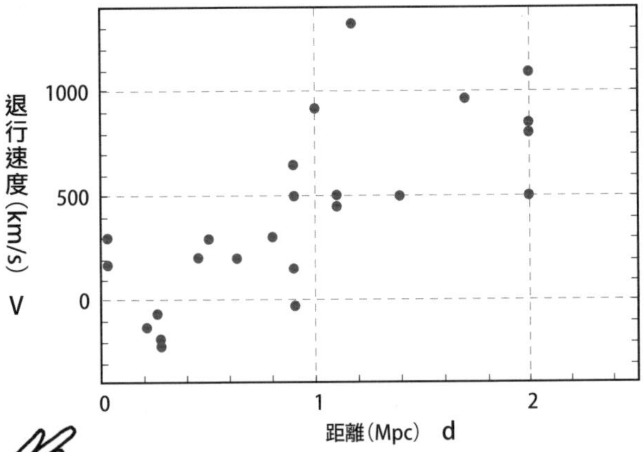

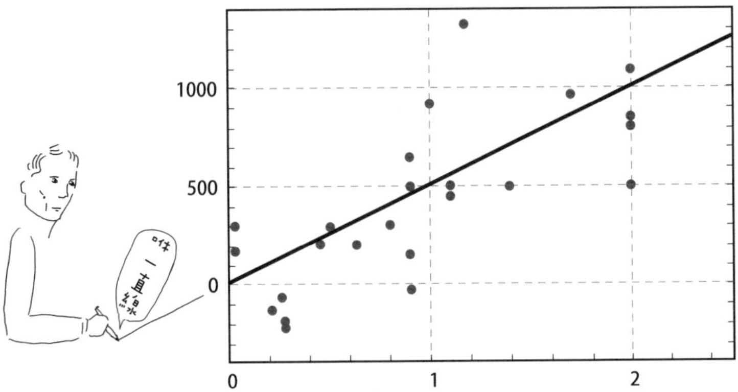

$$v = H_0 d$$

$$H_0 \sim 70.5 \pm 1.3 km/s/Mpc$$

哈伯常數

近雖然散亂，但是距離越遠，越會排列在這條直線之上。哈伯先生早就瞭若指掌了。

其實，哈伯會畫這條直線，是因為他心裡早已想到當時引起爭議的宇宙膨脹論。宇宙如果在不斷膨脹的狀態，越遠的星球應該會越快速遠離。他已做出這樣的預測，才會直接畫出一條直線來。

相當於這條直線傾斜的數值叫做「哈伯常數」，用來表現距離與退行速度的關係。哈伯畫直線的時候大約為500 $\frac{km/s}{Mpc}$（每秒公里／百萬秒差距）左右。現在可以觀測到更遠的天體，將它們合起來計算，約為70.5 $\frac{km/s}{Mpc}$。

傾斜的誤差為正負1.3 $\frac{km/s}{Mpc}$，真的可以說得這麼斬釘截鐵嗎？這是因為宇宙的觀測並不像地球實驗室裡做的實驗，那麼要求精準度。

曾經是個小小宇宙

從以上的理論，我們知道天體正在離我們遠去。當時證實這個事實的人想到了一件事。且慢，越來越遠離我們的話……就表示以前是很近的嘍？追溯過去，該不會一開始的時候，一切都是集中在一個點上吧。

現在宇宙膨脹論已經是個常識了，所以也許沒那麼驚奇。但當時真的是驚天動地的事實啊。因為，大家都以為宇宙的樣貌不論經過多久都不會改變，永遠是相同的。大家認為宇宙是靜止而安定的。愛因斯坦會加入「宇宙常數」也是因為相信這一點。

但是，宇宙確實在膨脹。天體現在也在不斷遠離。未來，還會離得更遠吧。若是如此，以前一定是集中在一點上……。

這個對宇宙的觀點相當具有衝擊力，當時造成許多爭論，反對陣營中不乏偉大的學者，愛因斯坦也是其中一人。

宇宙浩瀚無垠，星球更是多如沙粒，這些全都集合在一個地點會怎麼樣？那個地方的溫度肯定非常高。

這就是大霹靂理論。想出來這個理論的人，叫做喬治·伽莫夫。

今天一開始我就提到，許多能量集中在一個窄小空間的話，溫度就會升高，呈現車廂客滿的狀態。而且聚集的不是人，而是宇宙中的能量，所以那地方的溫度熱得超出想像。這種非比尋常的高溫狀態——絕非我們想像中的火焰，而是溫度難以估量的「大火球」。

伽莫夫把它稱之為「火球模型」，後來又將它取名為「大霹靂」。

附帶一提，「大霹靂」一詞容易產生誤解，感覺好像什麼東西爆炸了一樣，主要是因為「ＢＡＮＧ」這個字吧。但是，它不是爆炸，絕對不是，而是集中在一個點，溫度極高的狀態。

宇宙的復合

接下來我們要思考的是：「它真的發生過嗎？」理論可以天馬行空，但難道沒有可以查證的方法嗎？

伽莫夫是這麼想的：「假設宇宙初期真的很熱，後來開始膨脹的話，宇宙會不會在某個瞬間**復合**呢？」（譯注：中文用的復合，日文是用「放晴」來表現。）

什麼意思呢？大爆發隨後的高溫時，宇宙充滿了散亂狀態到處飄浮（為粒子雲所覆蓋）的物質（質子或電子），光無法直線前進。就算它想直線前進，也會立刻撞到電子，產生反應。電子帶電，所以會與光交互作用。宇宙初期電子與光擁擠在一起，只要光稍微一動，就會撞到旁邊的電子，反彈回來又撞到另一邊電子……總之就是處在無法動彈的狀態（圖36）。

但是，宇宙漸漸膨脹開來，就像一開始提過的，能量密度降低，溫度也就下降了。

溫度下降（能量降低）的話會發生什麼事呢？今天一開始我說過人造衛星的原理，速度變慢，就會墜落到地球上，對吧（見圖31）。這裡也發生同樣的現象。

電子能量漸漸減少，速度變慢之後，便掉落到原子核上，被原子核捉住。人造衛星也是一樣，繞行幾十年的老衛星速度漸漸變慢，最後會掉落到地球上。兩個是同樣的概念。

只是電子墜落的地點，是在原子核。電子墜落到原子核（被原子核捉住）之後，發生什麼事了呢？光（因為少了阻礙自己路徑的電子）變得自由，可以四面八方到處的穿梭飛行了。

原本光受到電子阻礙，處在完全沒辦法前進、不能自由移動的狀態，但電子與原子核融合，變成了原子，電荷也變為零，（原子既不帶正電也不帶負電，是中性的），不再會與光產生反應了。

而這個光得到自由的時刻，伽莫夫稱為「宇宙的復合」。

你可以想像，它像雲一般灰濛濛的水蒸氣遇冷後變成水滴，落到地面，天空變得晴朗乾淨的樣子。

或者，也可以想像霧氣散開的剎那。以前什麼都看不到，但是當霧氣散去後，眼前的杯子，前方的柱子，連遠處的人都看得見了。這是什麼原理呢？因為眼前杯子發出的光（反射太陽或電燈光的光）、柱子的光、那個人的光，都進入我的眼中，這都是因為光是直線前進，宇宙也一樣，當電子的濃霧散去的剎那，光便獲得全方位的自由。

圖36＊宇宙的復合

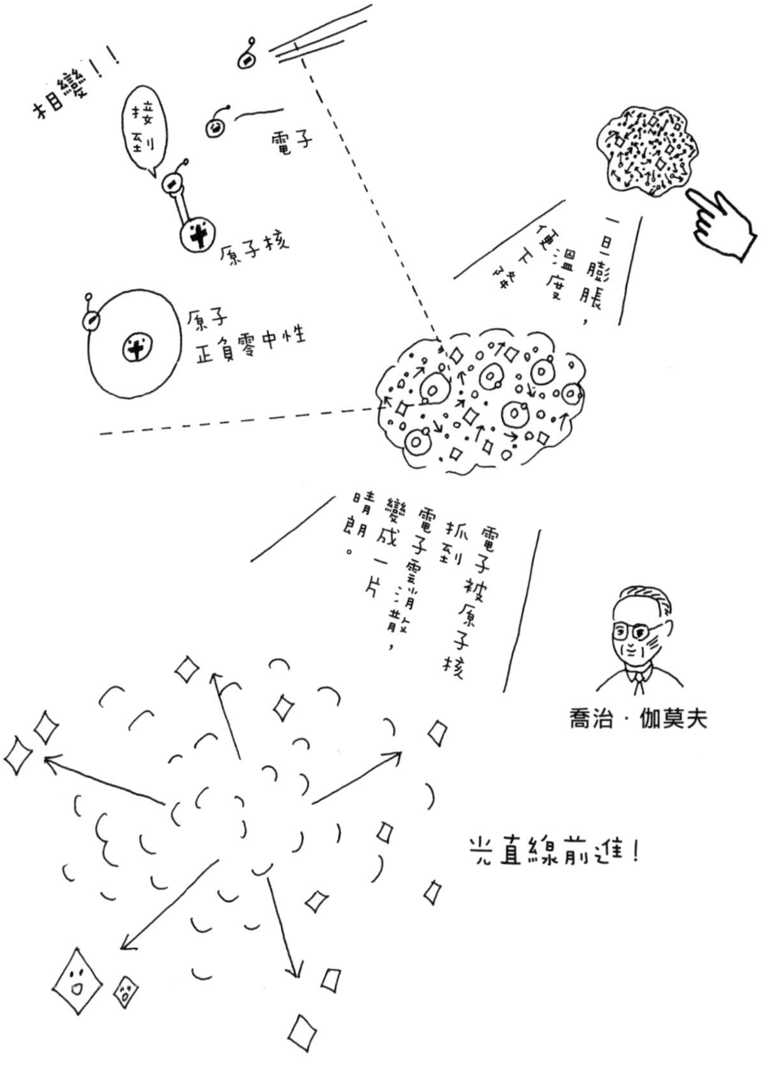

宇宙的復合

散播全宇宙、最古老的光

伽莫夫想，在某個時間點，宇宙應該像現在一樣，是個什麼都沒有——光可以直線前進，空無一物的空間。如果電子雲沒散開，就無法說明現在宇宙的狀態。因為，現在的宇宙空間，什麼都沒有啊。所以，星星的光才能直接照射到地球。現在看看宇宙的任何地方，幾乎沒有電子在飄浮的地方。那是因為**晴朗**了。

而且，伽莫夫竟然還說：「那時候自由的光，現在也應該還見得到才對。」

只要沒有撞到的物質（吸收的物質），光可以行進到任何地方。所以，雖然已經看不到復合之前的光了，但復合那一剎那的光，應該一直飛梭在之後的宇宙（除去一小部分物質凝聚的地方，宇宙都很清朗，所以沒有阻礙光的物質）。

只是，那些光並不是我們一般想像的「星光」。

就如剛才說過，越遠的天體，退後的速度越快，所以那些光是紅移，波長會逐漸變長。越是遠離，越是來自過去，光的波長就越長。也就是說，這些宇宙復合時恢復自由之身的光，正是宇宙中最古老的光，也有最長的波長。

伽莫夫計算「那些光應該會變成相當於5K（克耳文，溫度計量單位）的電波」（光的波長可以變更為溫度），他認為，它們不只是變成往紅色方向移動的紅光，而且應該是比紅光波長更長的光（＝電波，請參照P61「光的波長」）。伽莫夫說，那些電波，現在應該還能測得到。「真的會如此嗎？」大家半信半疑，結果真的觀測到了嗎？

一九六四年捕捉到、向全方位傳播的均一電波

這裡我要介紹兩位學者——彭齊亞斯和威爾遜（圖37）。這兩人利用接收電波的電波望遠鏡——各位只要想像放大版的收音機天線就行了——從地面搜尋穿梭在宇宙間的電波。

有一次，他們注意到，不論從宇宙的哪個方向，都會收到同樣固定的雜音。

所謂雜音，通常會依飛進來的方向而有所不同。打開收音機，對準某些方向較常會有電波進來，可是他們收到的雜音卻不是如此，是從宇宙所有方向傳來的均一雜音。全方位正是重點所在，一般不可能有這種電波，應該是有光源（電波源）的方向會比較強才對，全方位均一意味著宇宙整體都是光源（電波源）。

而這些雜音，正是剛才伽莫夫所說，宇宙復合時自由的光，剛開始在宇宙穿梭的光。它發生在宇宙的所有角落，波長朝全方位擴散。當宇宙膨脹的同時，光的波長也逐漸伸長，變成電波的狀態。這叫做宇宙背景輻射。

彭齊亞斯與威爾遜一開始並沒有在意捕捉到的這些電波，直到有人告訴他們：「有個叫伽莫夫的人提出這樣的理論。」於是這兩位學者寫了一篇論文，說明「好像捕捉到那個東西」。那是一九六四年的事。

雖然論文只有短短的一頁半，但兩人卻憑著它獲得諾貝爾獎。因為發現的事物太偉大，論文也不需要寫得太冗長。

圖37＊宇宙背景輻射

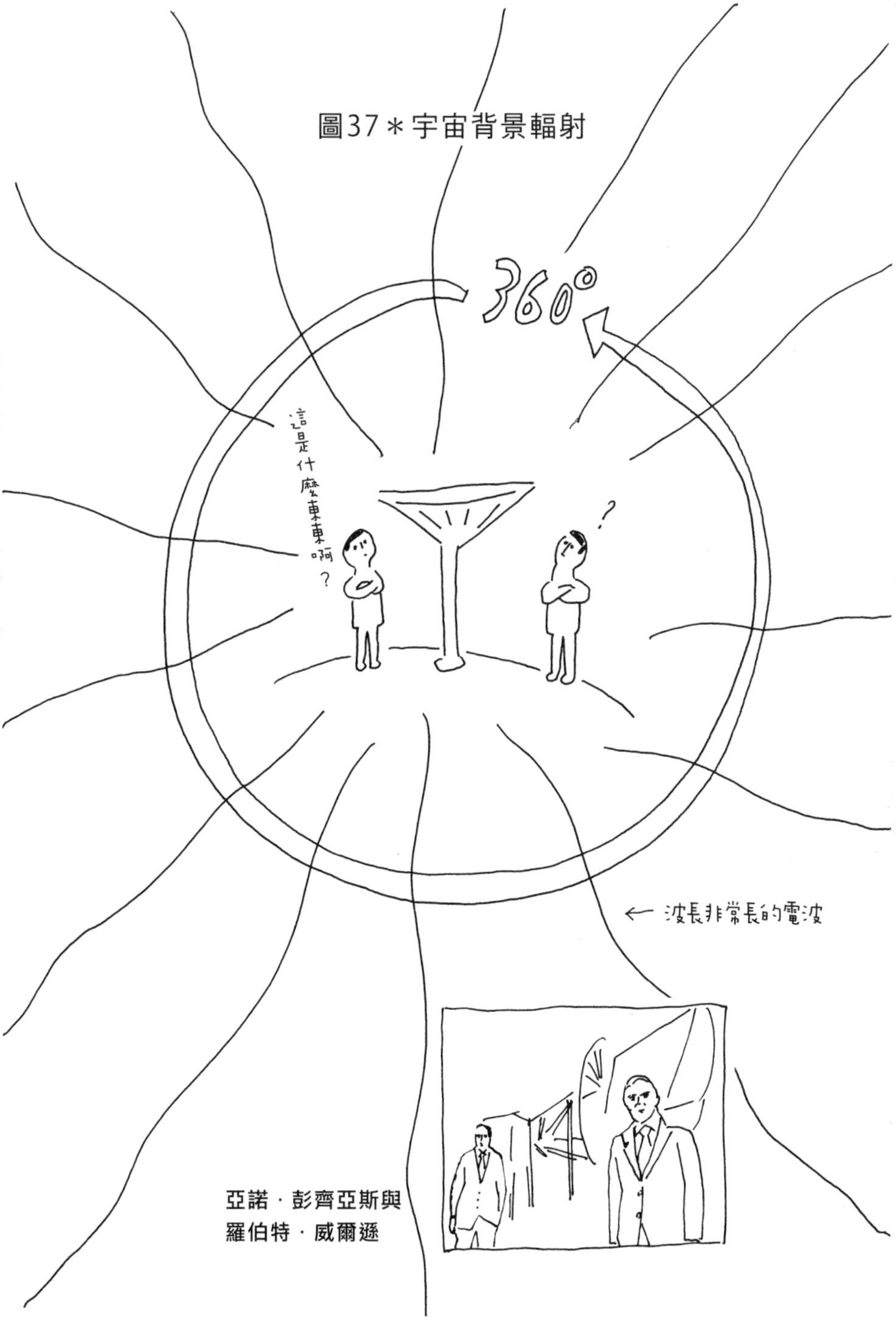

亞諾・彭齊亞斯與
羅伯特・威爾遜

一九八九年的COBE

彭齊亞斯與威爾遜雖然是用設置在地上的電波望遠鏡測得，但總是受到地球大氣的妨礙，無法清晰的捕捉到宇宙傳來的電波，得到的資訊有限。而且連收音機的電波都會夾雜其中。

因此，雖然在六〇年代無法更有進展，但到了八〇年代之後，科學家在人造衛星上搭載COBE電波望遠鏡，發射到太空中進行觀測。他們預測，到了大氣層外沒有任何阻礙，應該可以接收到清楚的電波。

利用COBE拍攝全天（整個天空）的影像就是這張（圖38）。宇宙形成約30萬年之後變得清朗——得到自由那一剎那的光。這也是宇宙最初也是最後唯一全方位擴散的光。

為了容易辨識，特地將觀測到電波波長（溫度）的微小差異，用不同顏色來表現（晚點會給大家看彩色的圖），實際上它的差異非常微小（10萬分之1的程度），而且這個色差表現的是那一剎那，宇宙各個地方溫度的不均。

圖38＊COBE捕捉到的宇宙背景輻射

請將360°電波想像成把地球儀拉平之後的模樣。

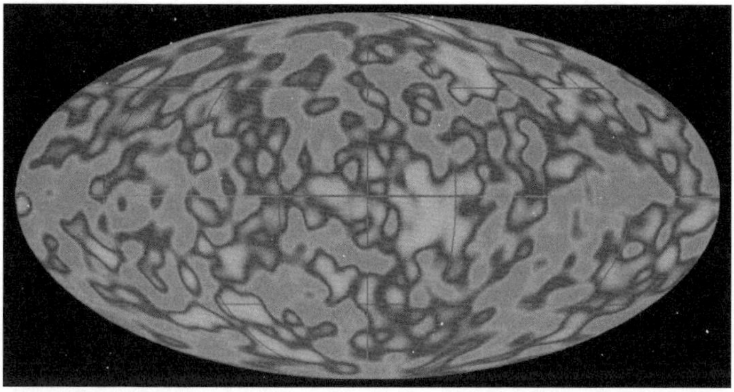

NASA

伽莫夫預測它的波長為5克耳文（K），但實際上是2.7克耳文。

比如說，各位有沒有用紅外線望遠鏡看過東西？各位的身體多在36度左右，所以會發出大略那個溫度、以紅外線為主的光。有溫度的物體一定會發出某種光，這叫做黑體輻射。

宇宙背景輻射與2.7克耳文（K）的黑體輻射一致。

2.7K換算成攝氏的話，大約是-270℃（絕對溫度0度＝攝氏-273.15℃）。從-270℃的物體放射出來的不是紅外線，而是電波。常常有人說「宇宙是3度」，意思並不是帶著溫度計到宇宙空間的話，會測得3度，而是因為輻射溫度是2.7K的關係。宇宙的溫度各處不一樣，在太陽附近的話，就會很熱。

另外，現在是3度的話，再過一段時間，會不會變成0度呢？其實並不會。雖然會無限接近零，但絕對不會變成0。

由此可知，我們真的找到電子雲散開時的光，伽莫夫所說的大霹靂確有其事……

光是什麼？

聽到別人說「看得到137億年前宇宙的光」時，照一般的邏輯，可能會質疑：「為什麼現在還能看到那麼太古時期的光呢？」

只要沒有障礙物，光就會永遠前進。而且宇宙在膨脹，光前進的空間正在不斷擴展，所以，隨著空間的擴大，光就像被拉長的彈簧般伸展，波長也越來越長（圖39 ☞）。

圖39＊光是什麼？

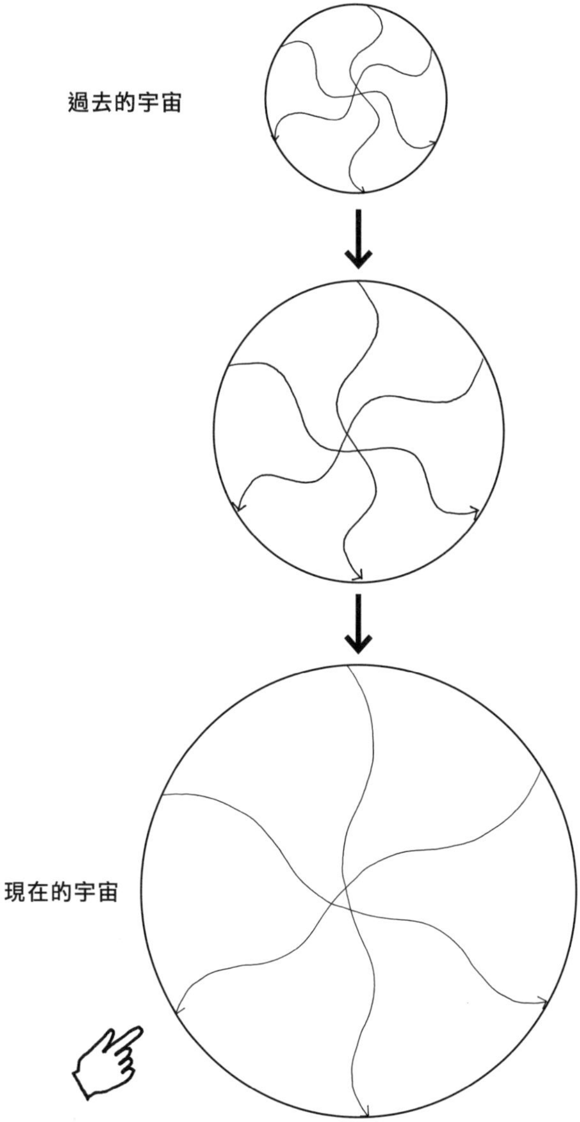

眼睛如何看見光

回頭想想，究竟什麼叫做「看」呢？它是一種「捕捉（各物體波長的）光」的行為。人類可以用自己的眼睛直接看見的，只有「可見光」範圍內的光。比可見光短（紫外線）或長（紅外線）的波長，不是人眼可以捕捉的光。不過，如果有可以捕捉到這種波長的裝置，就能捕捉（＝看）到（參考P61光的波長）。

太陽或星光都在可見光的範圍，所以，人眼可以捕捉（太陽光特別耀眼是因為它與地球的距離很近，光量很多），但是更遠的星光，在飛行的途中，因為宇宙膨脹而拉長了波長，變成紅外線，之後又更加延展變成電波，再也無法以肉眼看見。

然而，那麼遠發出的光，能夠傳送到地球，還是十分厲害。距離那麼長，途中就算遇到垃圾什麼的也不令人意外，可是它卻直線傳達到地球。所以宇宙真的十分乾淨吧。

圖40＊什麼叫做「看」？

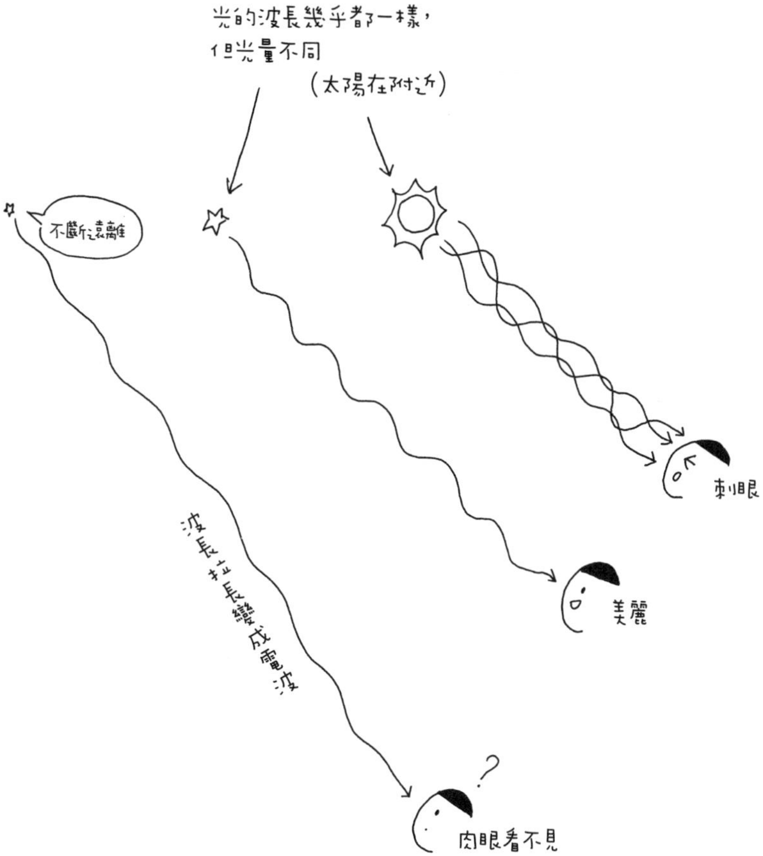

另一個重點是，光到達地球需要一定的時間。光速是有限的，每秒鐘只能走30萬公里。

例如，我們看到距離1光年外的星星時，它的光是1年前傳送過來的。若是距離1萬光年，光就要花1萬年到達。那顆星星的光用了1萬年才終於飛進我們眼中，也就是說，我們看到的是它1萬年前的影像。現在我們還能一直看到星光，是因為那些星從幾萬年前，像太陽一樣不斷發光的緣故。

說到太陽，由於它距離地球1億5千萬公里，所以它的光需要花8分鐘才會到達地球，我們看到的太陽，是8分鐘前的模樣。

而陽光到達地球就停止了，變身成為熱能量。所以，把手舉到頭上會感覺暖暖的。

人類無法想像3維的封閉空間

好，在這裡，我要稍微解釋一下有關大霹靂的誤解。

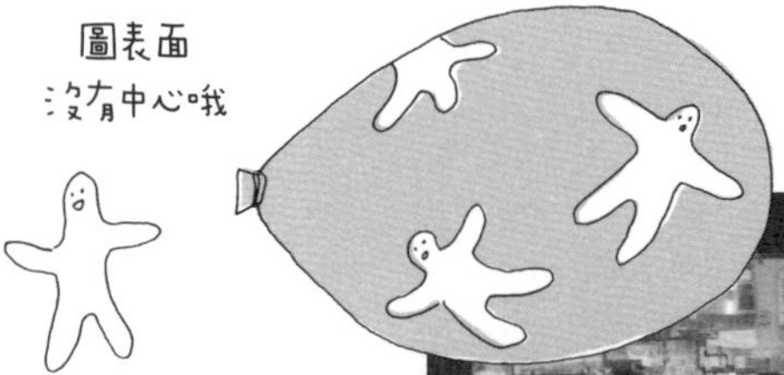

攝影：大北浩士

剛才說了好幾次「所有的天體都在遠離我們」、「從前所有的一切都凝結在一個地點」等話。這也就是說……「啊？我們是宇宙的中心嗎？」大家不免會生出這樣的期待。「為什麼我們受到這麼特別的待遇？」其實不是這樣的。

但是，所有的星星很明顯是以地球為中心向外遠去啊。然而，為什麼地球不是宇宙的中心呢？為了思考這個問題，我們來用汽球做個實驗。

請各位注意，不要把汽球想成3維的立體，我們要討論的地方，只針對汽球表面、2維的部分。

這顆汽球如果只看表面，它是沒有中心點的吧？不以2維（表面），而以3維（汽球本身）來思考時，它會有中心點，但若只考慮表面的話，並沒有中心。

就像汽球表面，我們人類看得到2維封閉的世界，然而卻無法**從外面看見**3維封閉的世界。無法想像，聽得懂嗎？

如果我是2維的生物——假設我是貼在紙上的生物，活在這個汽球表面的2維世界好了。那麼，2維的我便沒有辦法客觀的看這個世界——就像我們現在看著汽球一樣。即使，實際的世界是個球，2維的生物也無法掌握球（3維）。

同樣的，因為我們是3維的生物，便無法掌握3維的封閉空間。假設我們是4維的生物，就可以理解。

因為這個緣故，我們只用汽球的表面，降一個維的形式來思考。

首先，把汽球稍微吹大……用馬克筆寫上ABCDE和黑點。請把這些點當成各別的天體。然後將它吹大（圖41☞）。

然後從A的位置往外看去，不論是B、C、D、E好像都是從自己（A）為中心擴散出去。然後再從B的人往外看，不論是A、C、D、E看起來也都是從自己（B）為中心擴散出去。

圖41＊宇宙沒有中心點

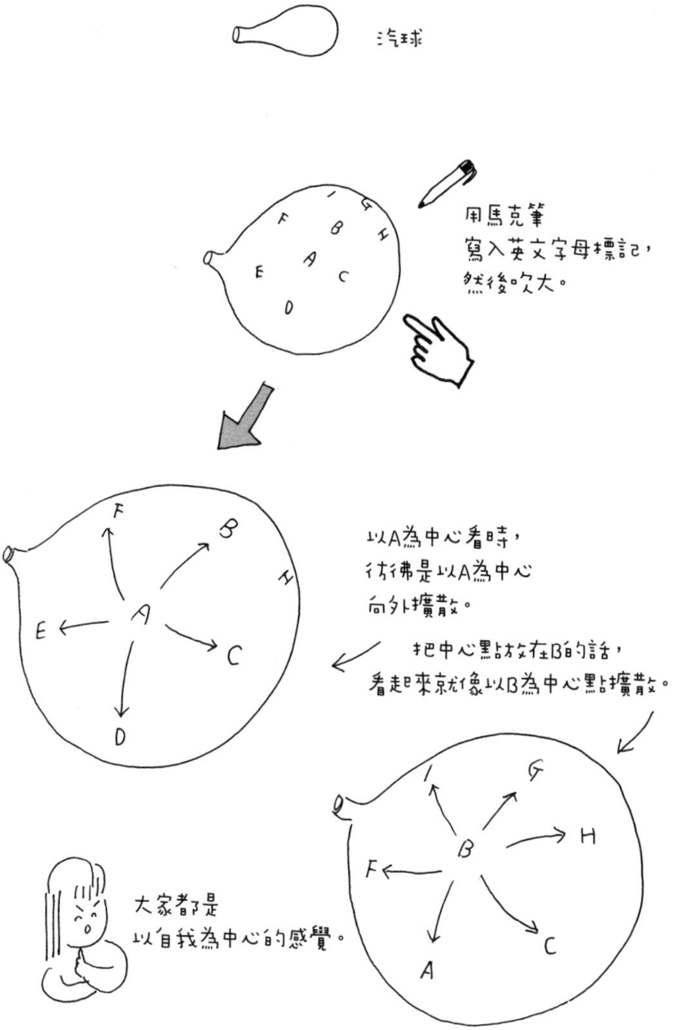
汽球
用馬克筆
寫入英文字母標記，
然後吹大。
以A為中心看時，
彷彿是以A為中心
向外擴散。
把中心點放在B的話，
看起來就像以B為中心點擴散。
大家都是
以自我為中心的感覺。

如同前例，只要指定某一點，看起來就像是以它為中心向外擴散，但是沒有一個點是特別的，這就是宇宙擴張的方式。**沒有中心點**的擴張。就像汽球表面（2維）沒有中心點的擴張般，實際的宇宙（3維）也沒有中心的在擴張。

只是我們很難想像得出來。

宇宙「有限」但沒有「盡頭」

再來看一次汽球表面（2維），這個表面是「有限」的吧，不是無限的。但是，從另一角度來看，這個表面沒有「盡頭」吧？從A開始繞一圈的話，就會回到原點。

宇宙也是一樣，雖是「有限」但沒有「盡頭」。沒有中心點。反言之，每個地方都能當成「中心」。這就是宇宙的形象。

我們無法想像3維的封閉空間，也是因為我們無法想像沒有「盡頭」或「中心點」的3維空間的緣故。

圖42＊雖然有限但沒有盡頭

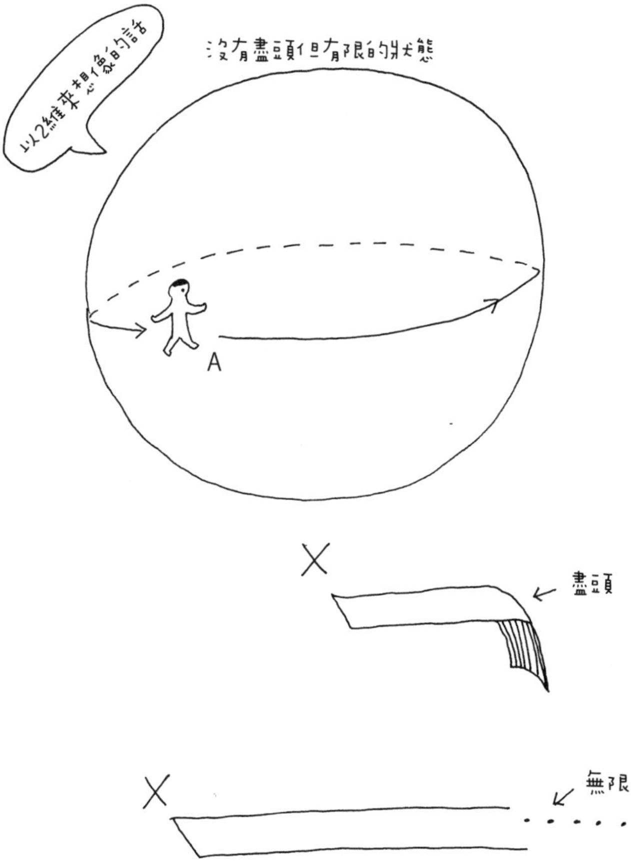

人類是3維的生物，所以想像不出3維的「沒有盡頭但有限的狀態」。

吹汽球的人也許還注意到另一件事。剛開始汽球是漂亮的粉紅色，但膨脹之後，你們不覺得顏色變淡了嗎？由於汽球上只塗了一定量的粉紅色塗料，面積擴大之後，塗料（顏色）就變淡了。

這就相當於宇宙膨脹後，能量密度下降的意思。顏色濃厚的火球宇宙，一旦膨脹起來，就漸漸變淡，成為冰冷的宇宙……。

大霹靂第一個誤解「宇宙有中心嗎？」的答案講解到此。

比光更快遠離的星球

有關大霹靂的第二個誤解。

剛才我們說過，離得越遠的星，以越快的速度遠離。那些星星的速度到底有多快呢？比光還要快嗎？不可能吧？物質不可能移動得比光還快速。但是膨脹的速度比光還要快。

理由很簡單。簡而言之，宇宙的擴張只有空間在伸展，物體並沒有移動。例如，假設有一隻螞蟻在這個膨脹的表面移動。這隻螞蟻的速度，不能超越光的速度。但是，這個表面本身是**空間**，而不是物體。空間的運動是否比光速更快根本是兩件事。

實際上，測量星球的退行速度——以紅移來測量——發現有好多星星遠離的速度比光還快。

不是星星在移動，而是空間在擴張

有關大霹靂的第三個誤解。

剛才在解釋哈伯常數的時候，我說，發生紅移的理由叫做「都卜勒效應」，但正確來說並不是這樣。以都卜勒效應為基準計算的話，紅移的量有一點差距。

那麼，紅移的真正原因是什麼呢？這裡我們再次用到汽球。

紅移的意思是光往紅色方向偏移，也就是波長變長的意思。我們在汽球上畫出星球傳送到地球的光（圖43），這個光在飛行途中，讓宇宙膨脹起來看看。

圖43＊紅移的真正原因

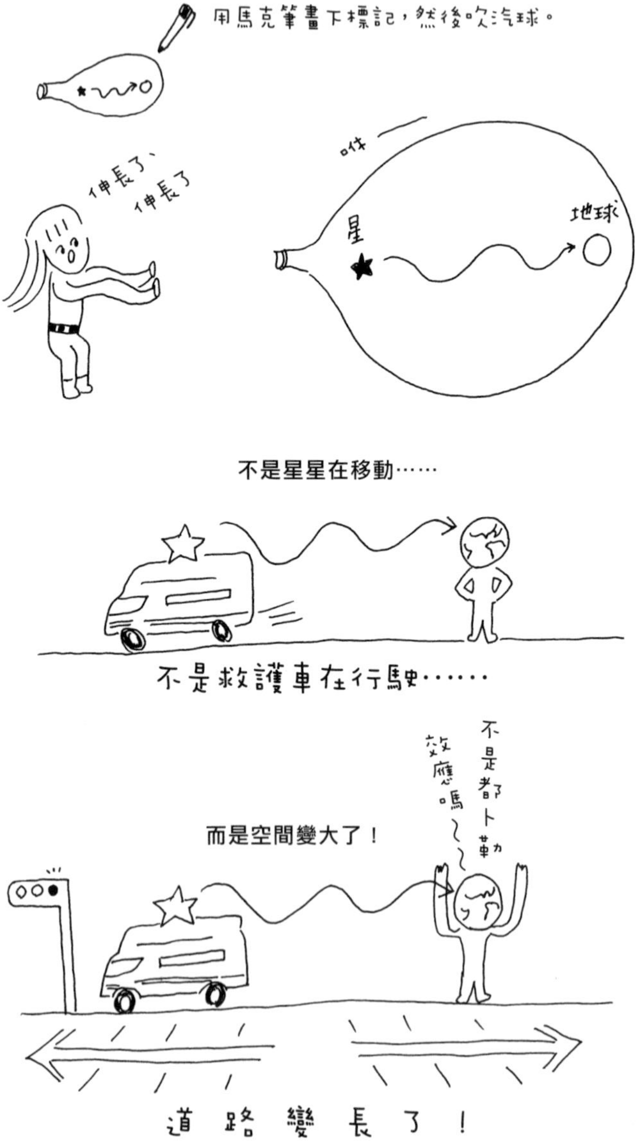
用馬克筆畫下標記，然後吹汽球。
咻
伸長了、伸長了
星
地球
不是星星在移動……
不是救護車在行駛……
不是都卜勒效應嗎～～
而是空間變大了！
道路變長了！

波長變長了吧？也就是說，發生了紅移效應了。不是都卜勒效應造成的波長伸長，而是空間本身擴大，波長被空間拉引而伸長。這才是紅移的真正原因。經過計算，它與現在的紅移不謀而合。

我們用救護車來舉例說明，就是救護車和觀測者靜止，救護車和觀測者之間的空間（道路與空氣）在延伸的狀態。宇宙膨脹不是天體（救護車）在移動，而只是空間在擴大罷了。

全宇宙的星星分布圖

那麼，我們換個角度，來談談另一個主題吧。

現在有很多種方法可以測量星星的距離（詳情請見本章最後的專題），測量到距離後，就會知道某個天體在這邊，某個天體在那邊……古早以前，測量不到距離的時代，完全分不清楚宛如天河般的地方，與它後面的星星，到底是在同一個銀河，還是不同的星系。但是，現在可以測量到每顆星的距離，所以，就能知道星星在宇宙中的3維分布。

把它做成地圖的話就是這種模樣（圖44）。請把它想成把宇宙切片的形式，地球就位在扇型的腰部位置。

所以這是一張非常大的地圖，半徑足足有「20億光年」。地圖中的一個一個點並不是恆星，而是星系。一個星系約有10萬光年那麼大。如果它們只是一個個小點的話，那……，因此可以得知宇宙實在非常浩瀚啊，能找到這麼多星系，真是了不起，這些人真有耐心啊。

從地圖中，我們明白了一件饒富深趣的事。

星系的分布並不均勻。人們發現它並不是平均一致，而在局部是密集的。這些相連的群聚地帶叫做「長城」（圖44☞）。長城就是「萬里長城」的意思。長城旁邊什麼都沒有的空間，有些像斑點吧。這裡叫做空洞。從這圖可以看出宇宙中物質（星球）會有群聚的現象。

圖44＊宇宙的大尺度構造

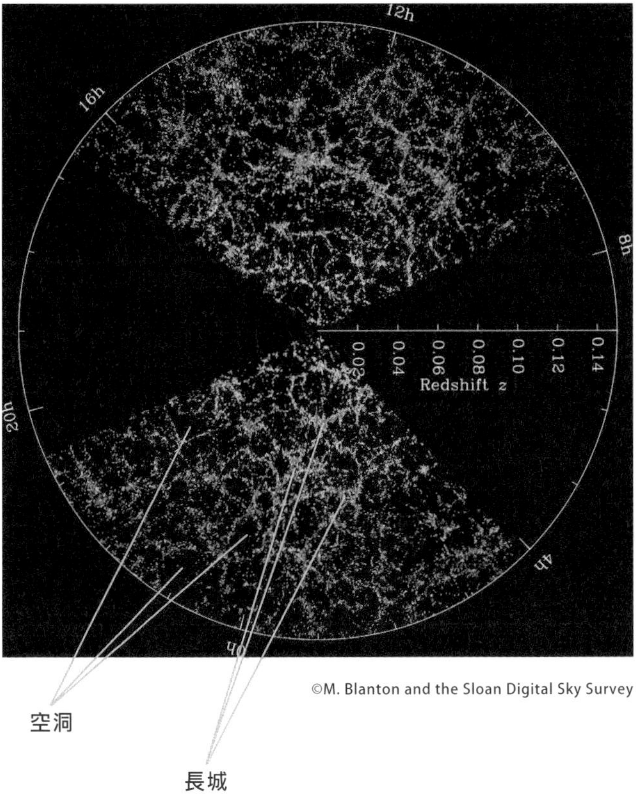

©M. Blanton and the Sloan Digital Sky Survey

二〇〇一年的WMAP——用高解像度攝影了解的宇宙構造

照一般的邏輯來想，有點不太好了解呢。

最初，宇宙呈現電子和質子以基本粒子形態到處飛舞的狀態，而到處飛舞的基本粒子，在宇宙膨脹（變冷）的過程中，互相凝結成為各種較為複雜的粒子，甚至變成星球。但為什麼會以這樣疏密不均的形態分布呢？

唔——當然我也可以用「自然而然就變成這樣」來說明啦，但學者沒有這麼好應付，他們一定要問：「為什麼？」為它找個確實的理由。經過多重模擬（計算）測試，看看是否真的會變成這種宇宙的樣貌，細節部分，下一回再來說明，不過由模擬中得知，如果沒有一種暗物質的存在，就不會變成這種景像。

剛才我給你們看過這張圖（圖45）。對吧。宇宙電子雲散開之後的光。光的疏密就表示物質的疏密（因為物質會遮住光）。這個斑駁（物質的疏密）漸漸成長，形成了現在的宇宙。

但是，這個觀測結果卻有個大問題，太平均了。因為勉強的上了色，看起來

圖45＊COBE捕捉到宇宙背景輻射

1989年升空

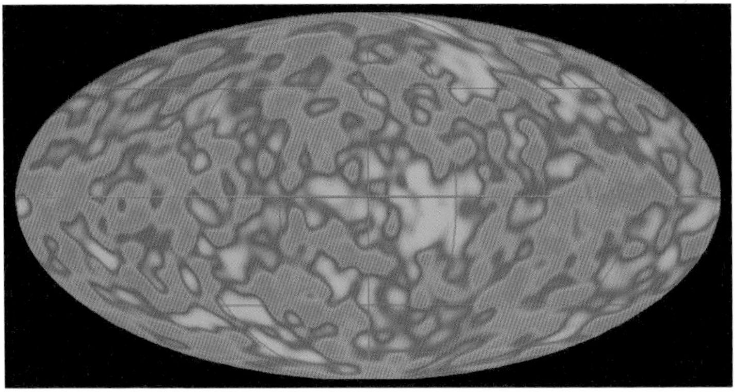

NASA

圖像粗糙，但看不出物質的「疏密」……

班駁（物質的疏密）好像很明顯。但其實最大只有10萬分之1程度的微小波動，所以相當平均。

從宇宙各角落各方向傳來十分平均的光（電波），正是大霹靂宇宙論的最大證據。但是由於它**太過均勻**，所以無法說明現在宇宙不均勻的結構。

為什麼宇宙的初期這麼平均，但現在卻會產生長城或空洞等疏密不勻的現象呢？若是能從最初的階段看出後來的結構就好了，可是好像看不出什麼苗頭。

不可能在宇宙晴朗（COBE這張影像之後）之後才開始形成不均，所以就成了個「令人頭大」的問題。學者們當然不可能認輸，決定進行更精密的測定。

到了二〇〇一年，這次不用人造衛星，而是發射電波望遠鏡，到更遠的——地球外側軌道。

那就是「WMAP」探測器（譯注：全名為「威爾金森微波各向異性探測器」）。利用它可以做更精密的測定（圖46）。解像度也提高了。COBE的圖很粗糙，但是WMAP非常細緻的捕捉到復合時的光（電波），將它仔細解析後……找到了長城或空洞等大尺度結構的「根源」。與剛才的大斑塊相比，它是尺寸小了很

圖46＊WMAP捕捉的宇宙背景輻射

WMAP　　2001年升空

解析度大幅提升！看得見疏密！　　NASA

Planck（普朗克）　　2009年升空

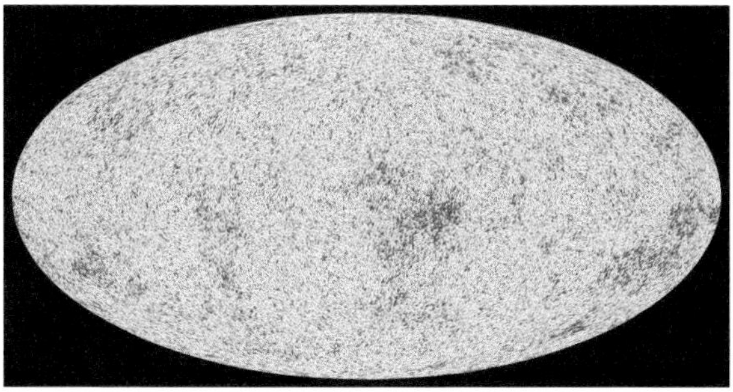

ESA and the Planck Collaboration

2013年3月，WMAP的後繼者普朗克拍攝的照片公布。
它的觀測精度又更進步了。

多的斑點。這些斑點慢慢成長，最後變成剛才的長城和空洞。這些現象都經由模擬而證實了。

另外，WMAP衛星升空到達的地點叫做「拉格朗日點」。那是地球引力與太陽引力維持平衡的地方，在那個位置點，太陽、地球、WMAP的公轉位置關係，永遠保持一樣。若是在地球附近，會受到地球，或是太陽——觀測中有白天有黑夜——等很多因素的影響，所以無法正確量測出來。

提到拉格朗日點，像我這樣有點年紀的大叔都會胸口一熱。年輕人可能沒有什麼印象，但我們小時候看的「鋼彈」卡通中，人類將一個人造結構發射到拉格朗日點，作為人類生活的太空殖民地。理由和WMAP一樣，都是為了將地球和太陽引力的影響減至最小。可見鋼彈相當了解物理學呢。讓我感覺小時候看的科幻世界，現在正漸漸的達成了。

在這個緣由下，精密地觀測「復合」的結果，可以說明今天星星分布的原因。伽莫夫建立的大霹靂宇宙論，是非常成功的模型。根據這項理論來思考的話，就可以完美的解釋現在各種觀測結果。看起來這理論好像很完美吧？不過隨

圖47＊拉格朗日點

從L_1到L_5有5個

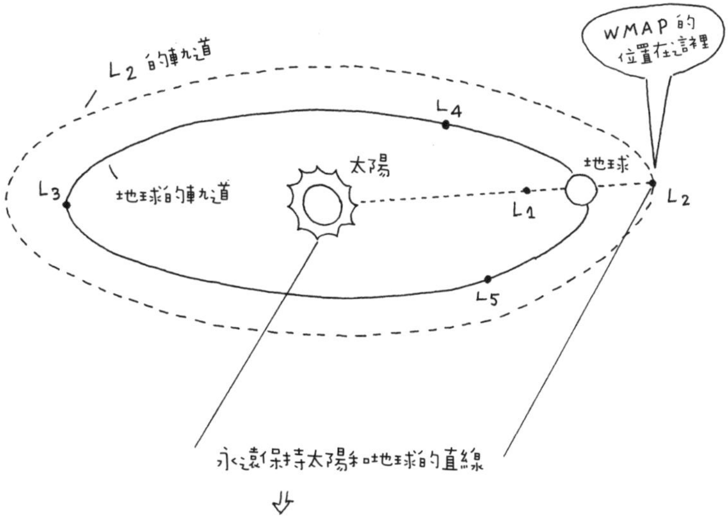

由於太陽的影響維持一定，
較容易在匯整最終數值時修正。

著時代進步，它還是出現了缺點。有好幾個點都無法解釋。

問題有3項，我按順序來說明。

大霹靂理論無法解釋①視界問題

第一是視界問題。

宇宙中有些地方聚集了星球，有些地方空空一片。物質的分布疏密不均。剛才說過，因為初期宇宙微小的溫度不均（＝物質的不均）漸漸成長，終於變成現在的大斑塊。

從COBE或WMAP的照片，可以看到細微的顏色差異，乍看時會覺得，溫度不均得相當明顯，但這只是為了容易辨識，用顏色做的強調，實際的不均（溫度最高處與最低處的差距）只有10萬分之1的程度。換句話說，初期宇宙的整體溫度非常一致。其中僅有的少許斑點，成了現在星系的分布。

那麼，為什麼溫度會這麼平均呢？

理由是全體都攪在一起了。

舉例來說，洗澡的時候，我們會把浴缸裡的熱水攪一攪吧？以前會用棒子或木板類的東西來攪水——現在應該還有吧？——因為攪動，消除了溫度的不均，使全體平均了。

宇宙也是一樣，經由攪動，而平均了宇宙物質的密度和溫度。至於宇宙用來攪動的工具，當然不是棒子，而是充滿宇宙的物質（粒子）自己轉動而攪勻的。

假設那時候，宇宙完全沒有膨脹，經過一些時間，整體便慢慢的混合在一起了。但是，實際上宇宙是在膨脹的狀態，這麼一來，就會出現沒有攪勻的區域了。怎麼說呢？因為「宇宙膨脹的速度」與「粒子的速度」（粒子攪動的速度）不一樣。宇宙膨脹的速度比較快，某些地方膨脹的速度甚至快過光速。

反之，粒子的速度當然不會比光速更快。因此，便產生了趕不及攪動的領域。宇宙在攪動狀態的旁邊不斷的擴大……

這裡，請大家注意一點，當我們在說「宇宙擴張」時，並不是宇宙的外側在擴張，因為宇宙沒有中心點……。宇宙沒有「內側」和「外側」的分別。宇宙是**整體**在擴張。

請想像一下，舉例來說，有ABC分別均勻攪動的區域，ABC並不互相混合（圖48☞）（ABC之間的區域，也有一定程度的均勻）。A與B與C的溫度各別達到平均，但是，由於彼此的粒子沒有往來，所以A和B和C並不交錯。

以洗澡的例子來說的話，請想像一個大澡堂，而不是家中的浴缸。A先生、B先生和C先生互相隔著老遠，各自在攪著熱水（圖48☞）。這時，若澡堂大小是固定的話（澡堂不膨脹的話），A先生、B先生和C先生攪動的熱水不久後就會彼此干涉，最後ABC都會達到同樣的溫度。

但是，假如這個大澡堂以極快的速度在膨脹，澡堂整體自A先生、B先生和C先生攪動的旁邊在擴大，A先生攪動的熱水，到不了B先生和C先生的位置，大澡堂的熱水永遠無法混合均勻。

因此，實際膨脹中的宇宙，其溫度應該不會平均……

圖48＊視界問題

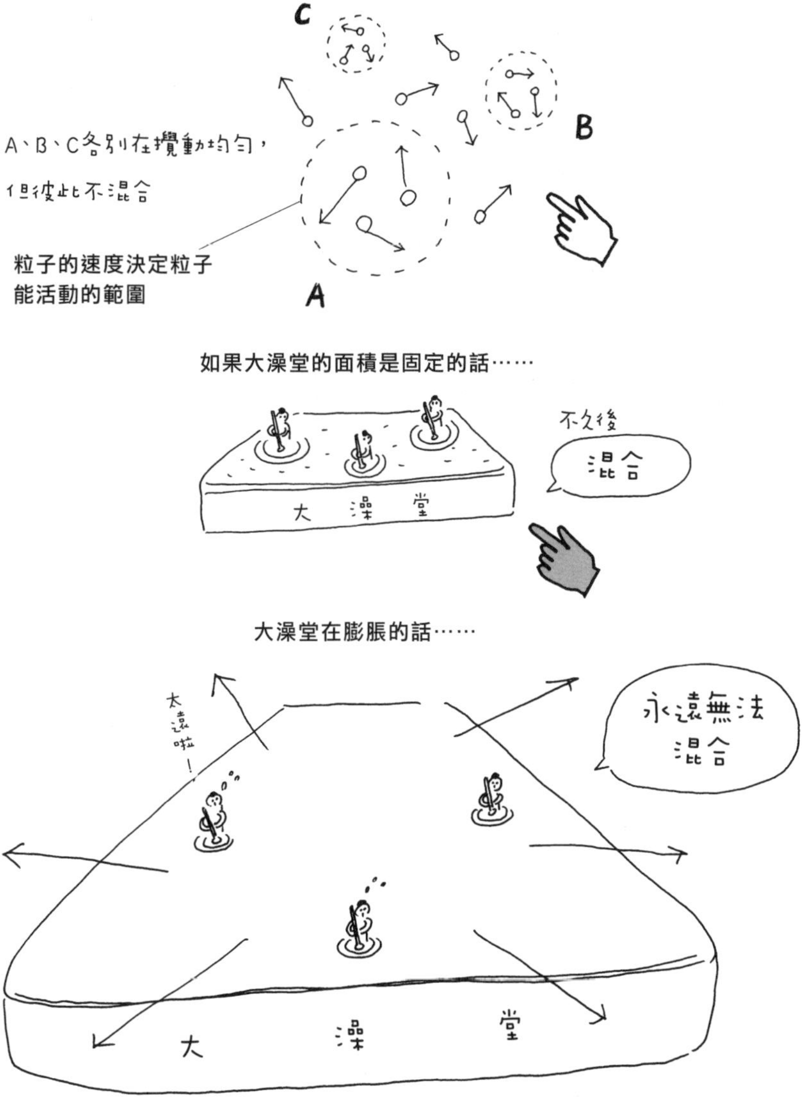
C
B
A、B、C各別在攪動均勻，
但彼此不混合
粒子的速度決定粒子
能活動的範圍
A
如果大澡堂的面積是固定的話……
不久後
混合
大澡堂
大澡堂在膨脹的話……
太遠啦！
永遠無法
混合
大澡堂

可是，剛才WMAP捕捉到的宇宙背景輻射，卻是這麼的——只有10萬分之1差距的混合。真奇怪……原本應該有無數個不會混合的領域，然而為什麼所有地方都這麼均勻一致呢？無法用單純的大霹靂宇宙論解釋這一點。

這就是「視界問題」。

大霹靂理論無法解釋② 平坦性問題

第二是「平坦性問題」。

宇宙為什麼這麼平坦呢？剛才我們吹大的汽球表面並沒有平坦吧，它是弧型的平面。就算是地球表面好了，可能只在這一帶走走察覺不出來，但是只要看看遠方從水平線上升起的船或太陽，就可以知道，地球的表面也是彎的，所以我們才會有「地平線（水平線）」，看不見彎曲盡頭的後端。

這裡所謂的「表面」是在2維狀態，不論是汽球或地平線的例子，終究都是以2維來思考，但3維空間應該也有「地平線」，只是我們想像不出來……。

我們還完全觀測不到所謂宇宙的地平線——空間彎曲的證據。宇宙是極為平坦的空間。因為事實上，我們甚至能看到像宇宙背景輻射那麼遙遠的世界（137億年前的光）。

宇宙空間是平坦還是彎曲，關係到宇宙的未來。如果彎曲，宇宙會收縮，或是繼續擴大到破裂。

前一次，我們有介紹過空間彎曲狀態的求法吧。

空間彎曲的程度是由該空間中物質的量來決定的。物質越多（質量越大），重力便越大，空間也會彎曲得厲害。它可以用愛因斯坦方程式來表示。

從宇宙論計算出來的「臨界密度」數值，與上述的「宇宙重量（物質量）」相比，如果「宇宙重量」與「臨界密度」相同的話——也就是說，宇宙含有的物質（重力）量剛剛好——空間就會變得平坦。但是，如果稍有不同（比臨界密度重或輕），空間就會彎曲（這部分後面再詳述）。

如剛才所說，宇宙完全不彎曲。也就是說，重量（物質的量）與臨界密度完全吻合。因此宇宙在137億年來，都能保持這麼安定。

為什麼它與臨界密度這麼一致呢？為什麼宇宙空間完全不彎曲，這麼平坦呢？當然啦，你也可以說「湊巧就變成這樣了」，但是物理學家們沒這麼好打發，他們需要宇宙平坦的理由，但是大霹靂宇宙論無法給他們答案。

這就是第二項大霹靂理論解釋不了的「平坦性問題」。

大霹靂理論無法解釋③ 磁單極子問題

第三項叫做「磁單極子問題」。

「單」就是「一個」的意思，單色的單，「極」就是北極、南極的極。換句話說「單極子」是一個極的意思。

磁石一定是N極和S極成一組，這叫做「磁雙極子」，你們在小學時可能學過，就算把磁石切成兩半，切口一定也會形成相反的極，不論分成多細多碎，一定會有一對N極和S極，世上沒有只有N極或只有S極的磁石。

圖49＊平坦性問題

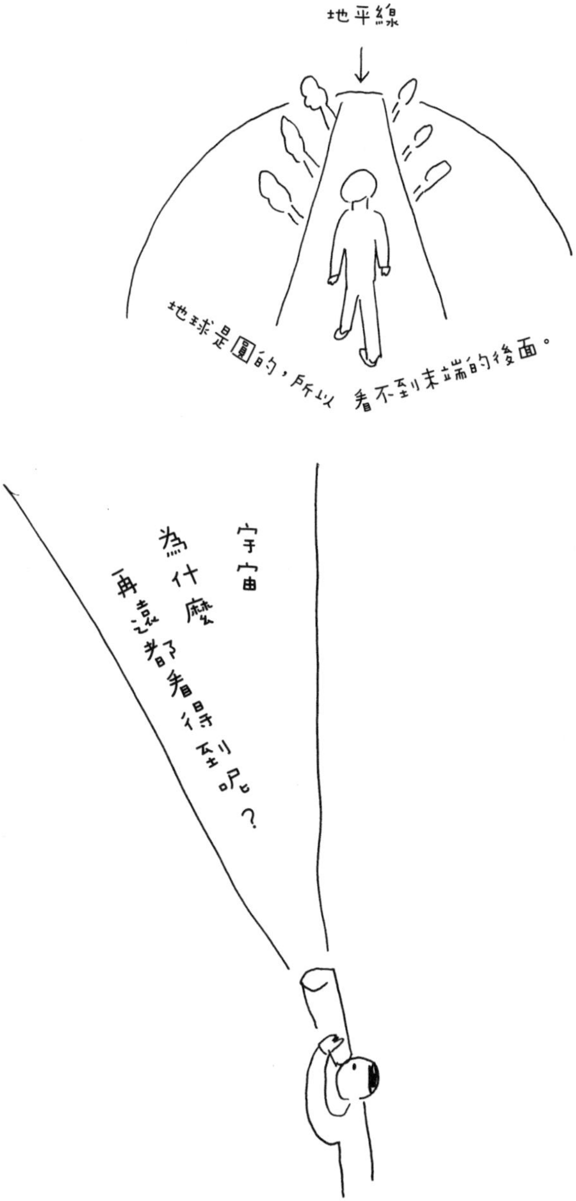
地平線
地球是圓的，所以看不到末端的後面。
宇宙為什麼再遠都看得到呢？

可是，學者認為在宇宙的初期，應該大量製造出只有一個極的磁石，也就是磁單極子。如果大霹靂理論正確的話會得出一個結論，當時製造出的磁單極子就算留存至今也不奇怪。

宇宙初期製造出來的磁單極子，究竟是什麼樣的東西呢？

如果是磁雙極子，磁力線自N極出來，進入S極（圖50☞），磁力線必須永遠圓滑，絕對不能分岔，或是突然從哪裡發生、消失。總而言之，它必須是封閉的。N極「出口」與S極「入口」必須永遠成對。從「出口」放出多少磁力線，就必須有多少回到「入口」來。

但是呢，這有個附帶條件，它終究得**發生在連續空間中**。也就是說磁力線**只限於在連續空間中**才必須封閉，在不連續的空間裡，不用封閉也行。

那，什麼叫做「連續的空間」呢？

詳情會在第四章說明，不過，自然界中有一種「相變」的現象。簡單說，就是「狀態發生了變化」。舉個我們身邊的例子來說，水變成冰，變成水蒸氣，就是所謂的「相變」。

圖50＊磁力線與磁單極子

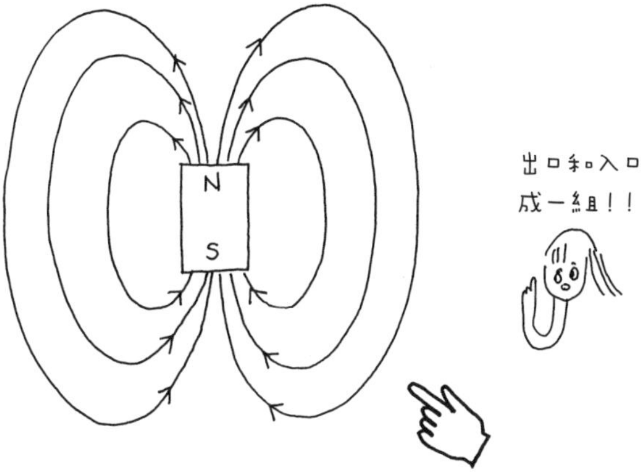

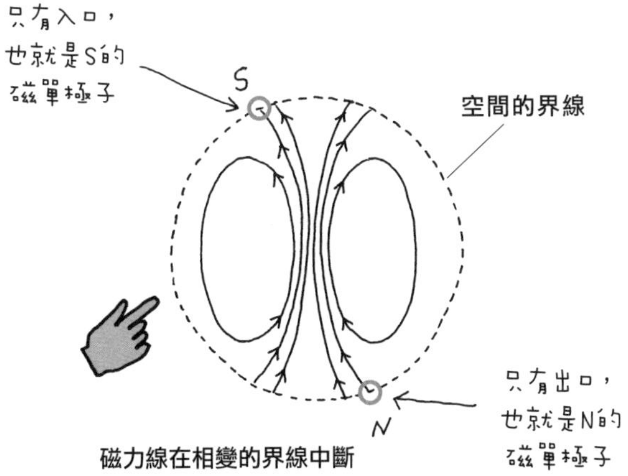

處在水的狀態時，分子與分子並沒有結合，所以可以自由的到處亂跑，然而當水變成冰時，H_2O的分子結合，必須朝著同樣的方向，整齊的排列成隊。它必須成為結晶，這一點十分重要。

在水的狀態時朝方向自由的分子，一齊轉到同一個方向時，這個「一齊」需要花點時間。此時「朝這個方向排列」的訊息，與實際上冷卻、凝結成冰的速度，未必會完全一致。也就是說，**各部分各別的、朝著各自的方向**成為結晶。

如果你仔細觀察冰塊就會發現，它並不是全體形成單一的美麗結晶（單結晶），而是形成小結晶的集合。A的結晶與B的結晶朝著不同的方向排列，兩者中間沒有連結，有缺陷。

為什麼會發生這種現象呢？因為凝結的速度比相變訊息（整隊的訊息）的傳達更快的關係。所以，如果想要把全體凝結成單一的美麗結晶（單結晶），就必須讓它緩慢的凝結。

附帶一提，這種現象並不是和宇宙膨脹一樣，從中心的一點往全方位發出

圖51＊空間的缺陷

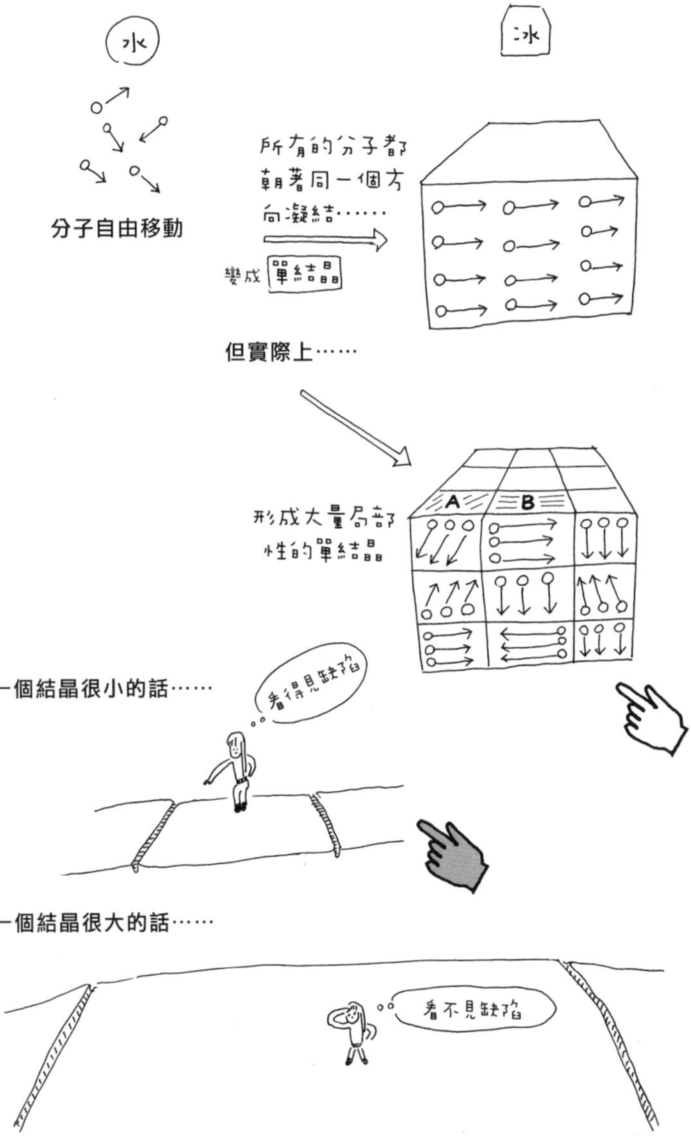
水
冰
分子自由移動
所有的分子都朝著同一個方向凝結……
變成 單結晶
但實際上……
A
B
形成大量局部性的單結晶
一個結晶很小的話……
看得見缺陷
一個結晶很大的話……
看不見缺陷

訊息。而是各部分同時發出訊息。**各個部分在各自訊息傳達的範圍**變成結晶。各個結晶與結晶之間有界線，這些結晶便形成「不連續空間」，就是「空間的缺陷」。

而且，這種現象並不只發生在水，舉例來說，面前的這個金屬（杯子）也會發生。像這個杯子並沒有形成單結晶。用顯微鏡看，你會發現它分成極小的顆粒。那是因為它冷卻凝固時的方向十分凌亂，也就是整隊的訊息太慢的關係。要將它整體凝結成單結晶，需要緩慢凝固的技術，所以，若想買單結晶的金屬，價格會十分昂貴。

製作杯子並不需要到達單結晶的地步，但是像製作半導體的矽晶圓，就必須是單結晶。因為結晶的缺陷會成為半導體晶片的缺陷。

真的找到磁單極子了嗎？

宇宙初期的相變也發生同樣的狀況。轉變為相同狀態的領域（單結晶的領域）

只限於狹窄的範圍，該領域與其他領域形成「不連續空間」。

而在這個「不連續空間」，磁力線會中斷。磁力傳播的速度，也是某個有限的值（電磁力=光速）所以，相變比它快的話——相變發生在宇宙初期的短短一瞬間，詳情在第四章時解釋——空間變得不連續，磁力線就會中斷了。「相變訊息傳送的速度」加上宇宙本身「膨脹的速度」十分複雜，有些麻煩。

因此，在不連續空間的界線上，看起來就像是磁力線突然發生或是突然消失的樣子。應該可以觀測到它們是N極磁單極子或S極的磁單極子（圖50☞）。

用單純的大霹靂宇宙論來計算這些宇宙初期「相變」形成磁單極子的機制，照理說，我們周圍會有很多磁單極子，但是說得簡單點，問題在於不知道一個結晶有多大。雖然看起來好像並沒有那麼大……（圖51☞）。

這麼說，找到了嗎？不過雖然進行了探索磁單極子的實驗，但都還沒有發現。

正確的說，過去發現過1個。一九八二年2月14日，由物理學家布拉斯・卡布瑞拉發現的，這個人在西洋情人節還在做實驗，應該是敗犬組的吧（笑）。

但如果貨真價實，就是世紀大發現了。但是只找到那一個，以後也沒有再找到，所以在物理學上不能稱為「發現」。只有進行實驗反覆確認它的存在，才能叫做「發現」。

另外，宇宙初期形成的磁單極子非常重（質子的10,000,000,000,000,000倍），這種物質如果分布在宇宙各角落，宇宙整體的重量，會與觀測結果大異其趣。這又成為另一大問題。所以，判斷它幾乎不存在（所以也無法發現），也沒有什麼不對。

那麼，為什麼宇宙初期形成的大量磁單極子會消失呢？這便叫做「磁單極子問題」。

大霹靂前發生的暴脹

如同前述所說，單純的宇宙大霹靂理論，有些無法說明的問題。

但是，有人想出解決它的辦法了。他也是一位物理學家，叫做佐藤勝彥（譯注：另一名美國物理學家艾倫・葛斯也幾乎在同時提出暴脹理論）。一九八〇年代，他提倡了「暴脹理論」。

簡言之，就是在宇宙誕生後的須臾之間，瞬即以無可比擬的力道膨脹開來的理論。

剛才說過的三個問題發生的原因，都在於從宇宙誕生到現在，宇宙膨脹的速度維持一定的假設。以該假設為基礎回溯時間的話，就會遇到剛才那三個問題。

所以學者想到，也許那個假設是錯的呢？

這個理論是說，宇宙在極初期——宇宙誕生之後的 10^{-36} 秒後到 10^{-34} 秒後的極短時間內，宇宙發生了急劇的膨脹，大小擴張到 10^{30} 倍大。宇宙誕生之後，並不是**一直以同樣**的速度在膨脹，在它誕生後的剎那，以**驚人的**速度膨脹之後，才恢復到現在穩定的膨脹速度（哈伯常數）。而這急劇的膨脹，叫做「暴脹」。

這個模型的巧妙之處在於，它並未改變原有的宇宙大霹靂論，而是在比大霹靂更早的時期，添補了「暴脹期」。因此，從以前觀測中認為宇宙大霹靂論「雖然有幾個問題但大略正確」的優點可以保留，而只解決問題就好了。（附帶一提，

「大霹靂」這個詞，正確來說，指的是從這個「暴脹結束時」到「宇宙復合＝宇宙背景輻射」之間。）

為什麼發生暴脹？第四章我們會再討論它的機制。這裡先來說說這個暴脹理論的加入，為什麼解決了前面提到的3個問題。

暴脹理論如此說明

首先是「視界問題」——為什麼如此均勻混合呢——關於這一點，如果將暴脹現象加入，宇宙的大小在一開始比之前宇宙大霹靂論所設想的空間要小了許多。也就是說，宇宙並不是從有點大的大澡堂開始，而是從家庭浴缸的大小開始的。

一開始宇宙只有一個人也能充分攪匀的大小，在這樣的小浴缸時期，物質充分混合，溫度維持均等之後，再經由暴脹而瞬間大幅膨脹，所以距離遙遠的地方溫度依然均一的現象，是可以接受的。

圖52＊暴脹理論

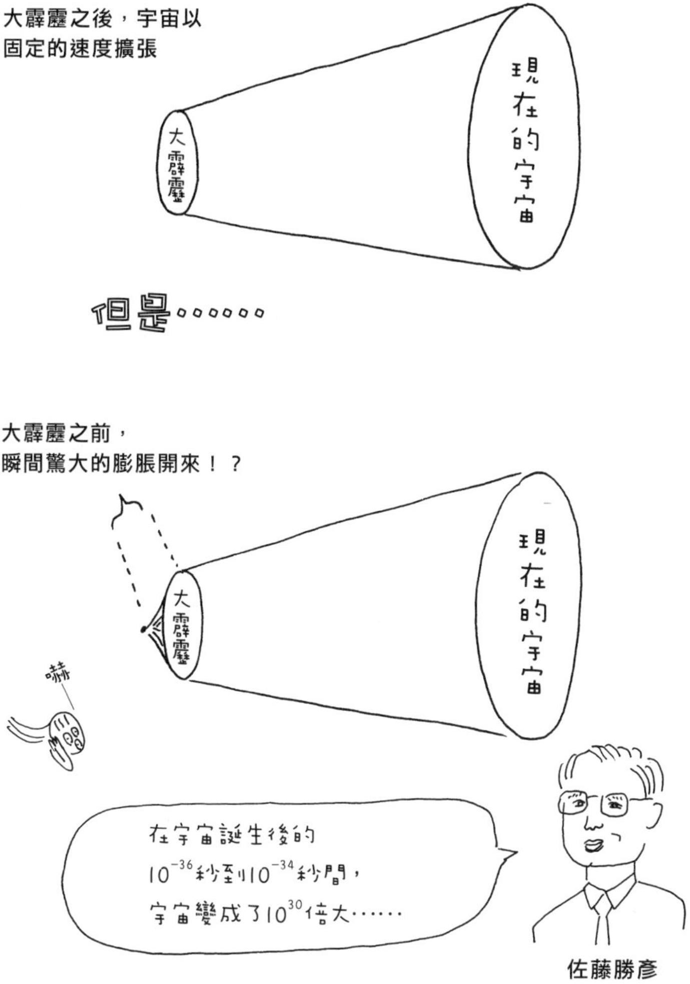
大霹靂之後，宇宙以
固定的速度擴張
大霹靂
現在的宇宙
但是……
大霹靂之前，
瞬間驚大的膨脹開來！？
大霹靂
現在的宇宙
嚇
在宇宙誕生後的
10^{-36}秒到10^{-34}秒間，
宇宙變成了10^{30}倍大……
佐藤勝彥

第二是「平坦性問題」——為什麼會這麼平坦呢——關於這一點，由於暴脹是以驚人的速度膨脹，即使宇宙原本就是彎曲的，因為空間瞬間被擴大，在我們可以觀測到的尺度上「是平坦的」。

我們以地平線為例來思考看看。假設地球不是現在的大小，而是比太陽大好幾倍的超巨型行星，其地平線極為遙遠，是人類視力所不及的地方，那麼就無法感受到地面的彎曲吧？換句話說，宇宙的地平線，會不會也因為暴脹原理導致的巨大膨脹，擴張到無法觀測的遙遠位置了呢？

如果觀測技術發達，能夠看得更遠的話，也許看得到宇宙的地平線……話雖如此，不過宇宙背景輻射的後面（過去）陰影遮住看不見，所以一時間也無法可想。

至於「磁單極子問題」——為什麼找不出空間的缺陷（磁力線中斷的地方）呢？如果暴脹真的發生過，則原本宇宙的空間應該是極小的，所以會不會在相變

圖53＊視界問題與平坦性問題的解決

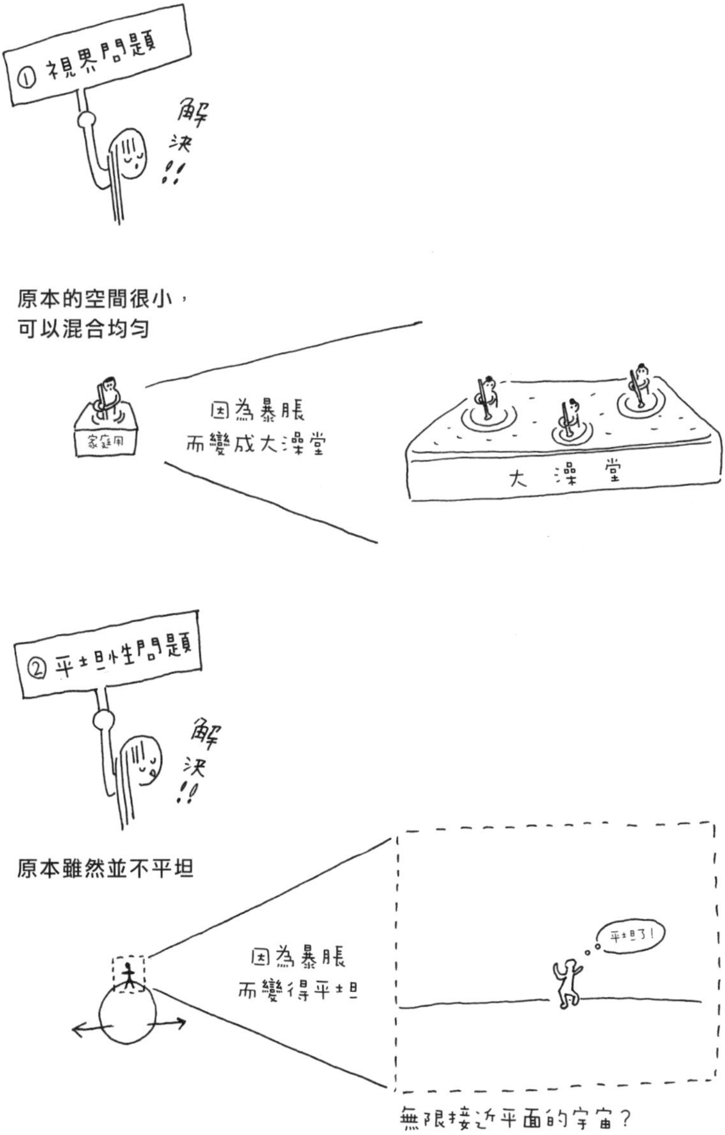

的過程中，幾乎全部都凝結成接近單結晶狀態了。如果宇宙是一般大的話，相變過程中會形成無數的單結晶——形成結晶的凹凸。總之，應該會出現無數磁單極子。但整個宇宙非常小的話，應該能凝結成漂亮的單結晶。所以，幾乎不會出現結晶與結晶的界線＝「空間的缺陷」吧？而且，宇宙因為瞬間暴脹而擴大，所以就算有缺陷，也已經在離我們非常遠的地方了（圖54）。

如前所述，一提出「暴脹」之後，什麼難題都能解決了……不禁令人欽佩，前人怎會想出這麼聰明的點子。現在宇宙論的主流，幾乎都把「暴脹」視為實際發生過的事了。

宇宙的3個未來

那麼，今天的最後，我們思考一下宇宙的未來吧。未來會怎麼樣呢？宇宙有末日嗎？

這時我們要想的，是前面稍微提過的「宇宙質量」。正確來說是「宇宙的密

圖54＊磁單極子問題的解決

但是如果發生過暴脹

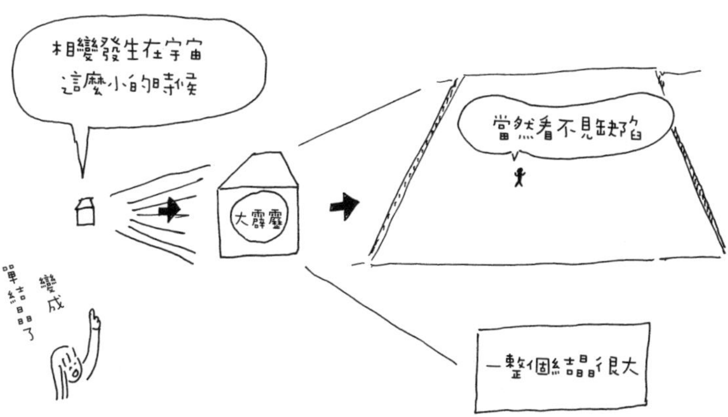

度」。密度，就是質量除以體積，所以「宇宙的密度」即是「宇宙全體的質量」除以「宇宙全體的體積」所得的值，用以表示宇宙含有什麼樣的物質，或宇宙有多密的物質。

這個密度，與從宇宙論計算出的「臨界密度」相比，數值大或小將左右宇宙的未來。

首先，「宇宙密度」比「臨界密度」大，也就是宇宙比較重的狀況，宇宙現在雖然在膨脹，但是以後會因為本身重力而收縮。例如，你可以想像這種景像。背離地球重力，把球往上丟（請把球的質量想成「宇宙的質量」，丟上去的速度當成大霹靂時「宇宙的膨脹速度」）。球受到重力吸引比丟上去的速度影響大，所以到時候一定會落下來（圖55-❶）。

相反的，「宇宙密度」比「臨界密度」小，也就是宇宙比較輕的話，就會永遠膨脹下去。球太輕的話，便脫離地球重力，往遠方飛去，不再回來了（圖55-❷）。

但是，宇宙既不太重，也不太輕，正好等於「臨界密度」的話，它會膨脹到某一地點時停止，保持原狀。就像是球的運動與重力互相平衡，就成為繞著地球

圖55＊「宇宙的密度」與「臨界密度」

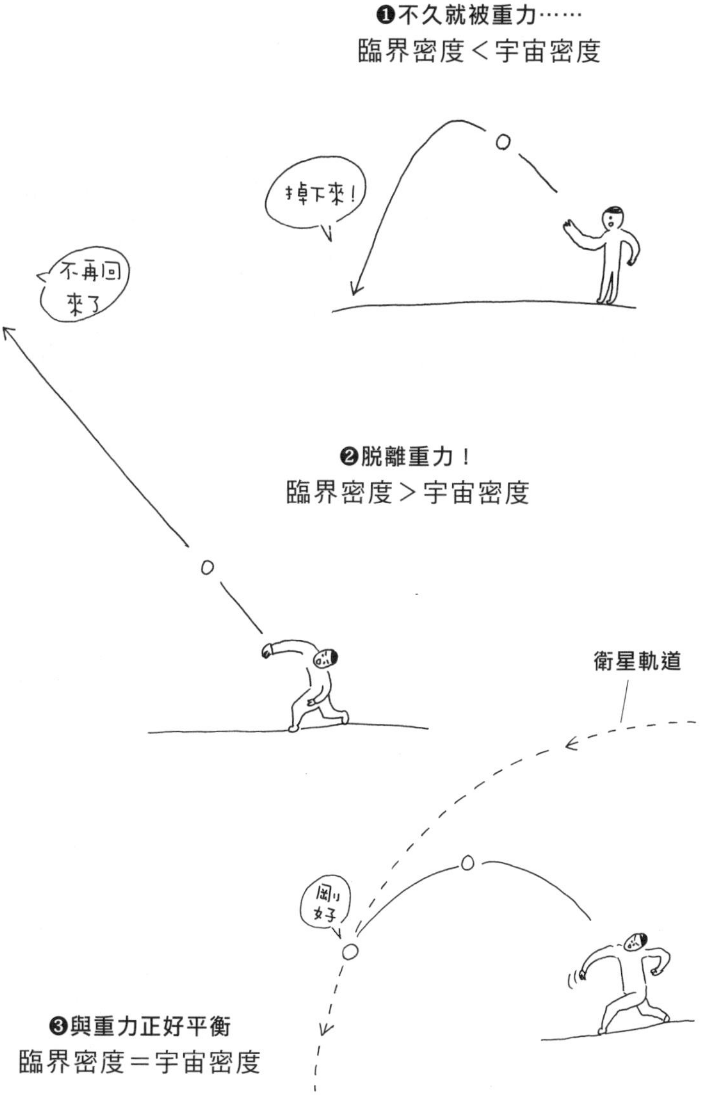

跑的衛星一般（圖55-❸）。膨脹速度漸漸變小，經歷無限的時間後，膨脹速度等於零，意即膨脹停止了。

那麼，實際的宇宙密度是多少呢？未來會變成什麼樣呢？

❶重↓宇宙不久後停止膨脹，之後收縮。
❷輕↓永遠膨脹下去。
❸正好↓在無止盡的未來停止膨脹，維持狀態。

前面說到空間的平坦度，可以用來作為檢驗密度的方法。解開愛因斯坦方程式——某質量可以讓空間彎曲到什麼程度——就會得出答案。與臨界密度剛好的重量，會是平坦的宇宙。比臨界密度重或輕的話，空間會彎曲。而，就像剛才說的，宇宙出奇的平坦。

總之，它「正好等於臨界密度」。為什麼會剛好相等呢？實在不可思議……

想想剛才球的例子，要用**剛好的速度**投出去，把它丟進衛星軌道，非常不容易吧？偶然開始的宇宙，為什麼會發生這種事呢？

不過，最近的研究發現，宇宙並沒有簡單進化到符合❶❷❸種的狀態。宇宙形成之後，哈伯常數並不是一直固定的。宇宙形成後不久，暴脹造成哈伯常數爆炸性的增大，之後又下降才維持穩定。這是用暴脹模型為基礎計算出來的——我在讀大學的時候是這樣的——但是，後來發現其實哈伯常數不時在增減。

丟出去的球會中途加速嗎？

今天一開始，我提到哈伯先生大膽的畫了一條直線。當我們更仔細的看那張圖，便能明瞭。從圖中可以知道較近的宇宙空間的斜度如何，較遠宇宙空間又是如何——哈伯常數永遠是一直線呢，還是在傾斜途中突然變了。看起來一直在變……並不是一直線。

而且，最近學者發現膨脹在加速。哈伯常數不斷在增加。很不可思議吧？你可能只覺得「哦，真的嗎？」但真的是非常不可思議的事。

就以剛才說的丟球例子好了，球一出手再怎麼樣都不可能中途加速吧。沒有讓球加速的力道，所以只會從最初丟出去的狀態一路減速。

棒球賽的時候，常有人說球到打擊手之前突然變快了。但那是不可能的，應該只是眼睛的錯覺造成的感覺。物體絕對不可能中途變快，但是宇宙竟然從半途開始加速了。

最新的數據顯示，宇宙形成之後到50億年左右為止漸漸減速，從50億年到現在又再加速了。很奇妙吧。為什麼會來回的加速和減速呢？

這利用宇宙「只由重力形成」的理論絕對無法解釋，只用物質也無法解釋。總之，難道也許有……別的傢伙在那裡吧？

加速膨脹是件相當危險的事。我們怕汽球破掉，所以不敢吹得太大。宇宙也是同樣道理。總之，如果加速膨脹的力量太大，有人擔心空間會不會破裂呢。這叫做「大撕裂」（big rip），學者認為，宇宙可能因此消滅。

這是最近才發現的現象，今後會有何演變，目前還不知道，尚待科學家們努力解謎。今後的宇宙論非常令人好奇呢。

接下來是結語。

「各位朋友，不要煩惱未來的事，多多享受眼前的生活吧！」 q（*°∀°*）b

別擔心。宇宙也許有一天會撕裂，但是我想在它發生之前，地球便會因為太陽的膨脹而被吞噬了（現在還沒有膨脹，它會在壽終之前變成紅巨星，表面一口氣膨脹起來）。

今天的課就說到這裡。下一回我們要談談「暗物質」。那傢伙終於要上場啦！

專題 II

測量地球到星星距離的方法——那顆星離地球有多遠呢？

①恆星視差　0～300光年

地球到星星的距離如何計算出來呢？用個簡單的方式來說明吧。首先，如果是離地球近的天體，就運用「恆星視差」的算法。

恆星視差是這樣的。地球繞行太陽公轉（圖Ⅱ-1）。舉例來說，夏天和冬天，地球面對太陽的位置正好相反，所以，從地球觀測A星的話，夏和冬看見的角度應該不相同。這個角度的差距（正確的話是它的一半）叫做恆星視差。

測量出這個角度，就可以用三角形的底邊長度（地球到太陽間的距離）與頂角（恆星視差）求出長邊（到星星的距離）的值。與三角測量相同。

又，恆星視差以「角秒」來表示，「1角秒」為「3600分之1度」，相當於3光年的距離。在天文學上，不使用「光年」而用「秒差距（pc）」的單位。不過「1角秒＝3600分之1度，換算成3光年」，

圖II－1＊恆星視差

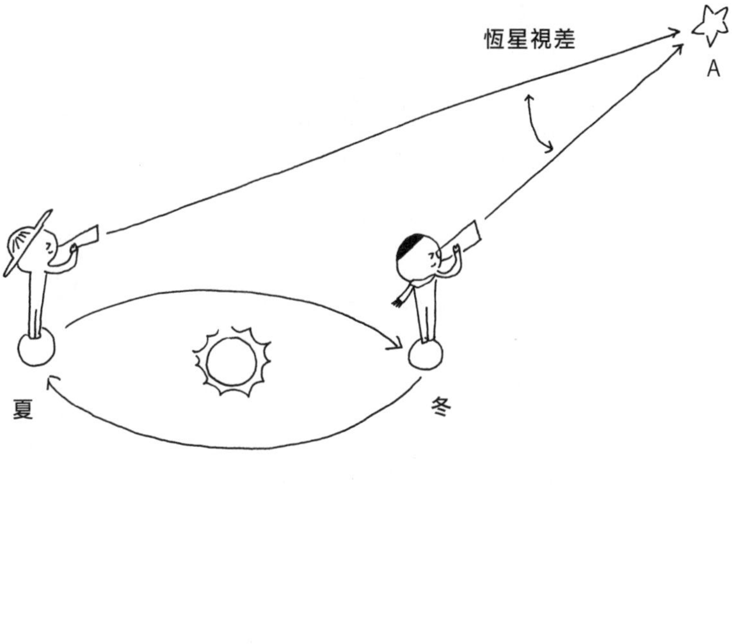

也就是1秒差距的意思。

使用恆星視差，可以測量到100秒差距……也就是距離300光年遠的星星。300光年在宇宙來說，算是相當短的距離。因為光是銀河系的直徑就有10萬光年。

用這個方法「測量天體的位置（角度）的精確度有多高」決定了「可以測定多遠的距離」。進入九〇年代之後，人造衛星升空，可以從大氣圈外測量更正確的恆星視差。天體的光經過大氣時會變得朦朧，但在大氣層之外的話，不受這種影響，就能更清楚的觀測到天體，所以可以測量到比地面遠10倍距離——1千秒差距的天體。據說未來甚至有可能測量到1萬秒差距的天體。

②HR圖 ~3萬光年

那麼，對於恆星視差測量不到的更遠恆星，要用什麼方法呢？答案是

「與絕對星等的比較」。

聽起來好像很難，不過簡單的說，就是比較每顆星「從地球看到的亮度」和「實際的亮度」。舉例來說，從地球上看，沒有一顆星比太陽更亮，但實際上比太陽更大（明亮）的星星，在宇宙中不可計數。為什麼太陽成了最亮的星呢？因為它的位置比其他星近得太多了。相對於「實際的亮度」，「地球上看到的亮度」越暗就越遠，越亮就越近，以定量求解。

所謂「絕對星等」，即表示「實際的亮度」（以恆星放在10秒差距位置的等級來表示。例如，太陽從地球上看，是「-26.8等星」——比0等星明亮的星，星等就會成為負數——從10秒差距的距離看時是「4.8等星」）。

好，這裡出現了一個問題。連恆星視差都無法測量的遙遠恆星，該如何調查它的「實際亮度」呢？

事實上，科學家發現「實際的亮度」與那顆星的「光譜」之間有關聯性。恆星的光是燃燒氫氣（核融合反應）而產生，但每顆星反應的活潑度不同，溫度（反應熱）也不同。溫度高的星星現藍色，溫度低的星是紅色。

這裡的圖叫做赫羅圖（ＨＲ圖）（圖II-2☞），是天文學家赫茲布朗與羅素製作的圖。縱軸為「絕對星等」，橫軸為「星的光譜」。首先，將用恆星視差測量得到、位於地球附近、同時確知「絕對星等」與「光譜」的星，放進這表當中，然後就發現幾乎所有的星，都位在這條線上（主序帶）（圖II-2☞），星球的顏色（溫度）和明亮有相關性。

這裡，請大家注意一點，不論這顆星距離地球很遠，還是很近，對星的顏色都不會有影響（的確會因為紅移而造成顏色偏移，但是偏移程度微小，可以忽略它。距離非常遙遠的天體，偏移得十分明顯，不能忽略，但是那種天體根本不會進入ＨＲ圖的範圍，所以也不用放在心上）。總之，星星的顏色與和地球的距離無關，而是憑著該恆星的活動狀態來決定的。

一般星星一生幾乎九成時間——除了臨終一刻之外的大多數時間——都會是位於這主序帶（主序星）。在地球上觀測得到的範圍內，只要知道星星具有這種特質，就算位在更遠的位置，它一定也具有同樣的特質。因為所有

圖II－2＊HR圖

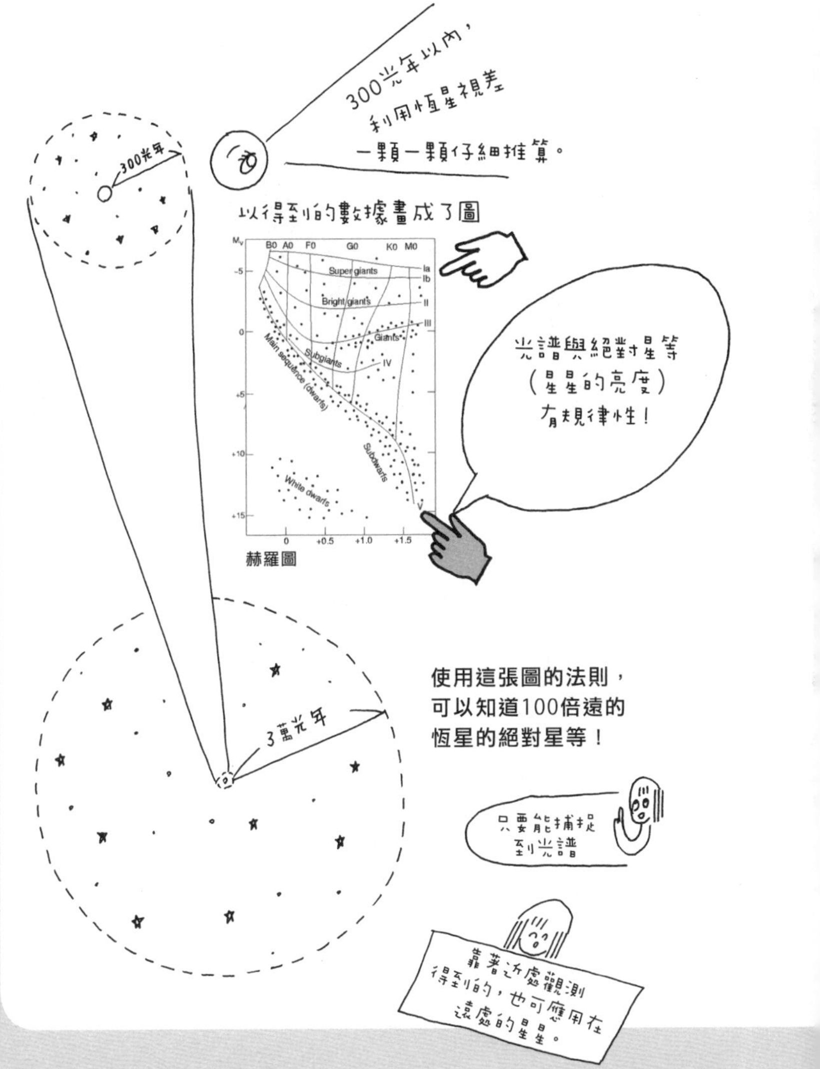
300光年以內，
利用恆星視差
一顆一顆仔細推算。
300光年
以得到的數據畫成了圖
Supergiants
Bright giants
Giants
Subgiants
Main sequence (dwarfs)
Subdwarfs
White dwarfs
赫羅圖
光譜與絕對星等
（星星的亮度）
有規律性！
使用這張圖的法則，
可以知道100倍遠的
恆星的絕對星等！
3萬光年
只要能捕捉
到光譜
靠著近處觀測
得到的，也可應用在
遠處的星星。

恆星都是從氫原子形成，以同樣的機制燃燒，發出光亮。

恆星視差不能測定的遙遠恆星，只要能測定得到光譜，比對這張HR圖，就可知道實際的亮度（絕對星等）。得知了絕對星等的話，就如剛才所說，可以透過和地球可見的亮度（視星等）的比較，算出距離。

但是這個方法，不能像恆星視差的方法那麼正確的求得距離。而且觀測的範圍，也只限於沒有那麼遠、可以一顆顆各別觀測的天體。這個方法適合用在大約10千秒差距程度（3萬光年程度）。我們的銀河直徑為10萬光年，所以，在銀河外的其他星系恆星，就無法採用這種方法。

重要的是，若想計測與遠端星體的距離，不能貿然的去求，必須先對鄰近星體做過各種量測後，再運用已知的關係。不只是天文學，任何科學都必須從已知的部分循序的查驗，再運用它的法則性，一個步驟一個步驟的往上走，去追求更遠的知識。

③造父變星 ～6千萬光年

追求更遠處天體距離的方法，是利用「造父變星」，我想這個詞大家也很陌生吧。「變星」指的是亮度會周期性變亮或變暗的星球。其中明暗「周期」與「實際亮度」有非常明確的關聯性，就是這種造父變星（第一次發現這種類型的變星，是在仙王座（Cepheus）中，中文叫做造父一，所以才使用這個名稱）。科學家已經知道，造父變星的明暗周期越長，絕對星等（實際亮度）會越亮。在我們銀河系之外的其他星系中，也有一些極為明亮，可以個別辨識亮暗變化的星球，便可以利用它的變化周期來得到絕對星等，之後，只要如前所述，將絕對星等與地球看到的亮度（視星等）相比較，就能算出距離。這表示利用變星的周期，可以測出非常遙遠、甚至遠達其他星系的距離。

此外，觀測可以用其他方法求得距離的附近恆星（變星），算出明暗的

圖II－3＊造父變星

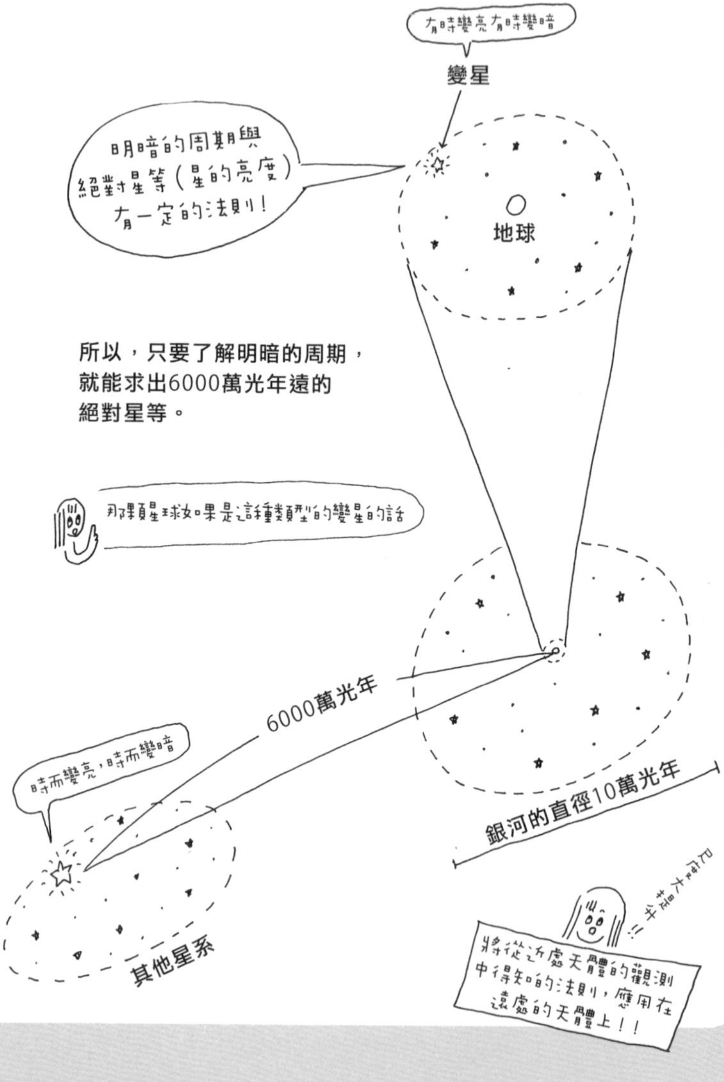
有時變亮有時變暗
變星
明暗的周期與
絕對星等（星的亮度）
有一定的法則！
地球
所以，只要了解明暗的周期，
就能求出6000萬光年遠的
絕對星等。
那顆星球如果是這種類型的變星的話
6000萬光年
時而變亮，時而變暗
銀河的直徑10萬光年
其他星系
將從近處天體的觀測
中得知的法則，應用在
遠處的天體上！！

周期與絕對星等的關係，然後應用在類似的遙遠星球上。這個方法，將可測定130秒差距到20百萬秒差距程度的距離。

④塔利．費舍爾法 ~3億光年

使用造父變星，可以測定我們到銀河系之外星系的距離。知道了它的距離後，從測定地球上所見**星系整體**的亮度——不是變星單體的亮度，而是星系整體的亮度——就可以求得該星系全體放出的實際發光量（說明：天體的明暗程度稱為亮度，天體的發光量稱為光度。發光量（光度）一樣，但是距離較遠的天體，天體看起來較暗（亮度低）；反之，光度一樣，距離較近，則亮度較高。）星系的實際全體發光量被叫做「內秉光度」。

研究外星系的塔利與費舍爾兩位天文學家發現，螺旋星系的內秉光度與旋轉速度之間，有著明確的關聯性。星球是氫原子經過核融合才發光，所以，粗略的說，星系整體的光度即代表星系全體的質量。星系是靠著所含物質的重力而旋轉，所以光度與旋轉速度有關聯性，也並不奇怪。

塔利和費舍爾將它的關聯性定量化，就可以應用在找不到造父變星的遙遠星系。也就是說，只要能測量出星系的旋轉速度——天體的速度可從第二章介紹過的紅移（光譜的偏移）正確測得——就能得知內秉光度，只要知道內秉光度，再與地球看到的亮度相比較，就能求出地球到該星系的距離。

這個方法以兩人的姓為名，稱作塔利・費舍爾法。藉此可以測定10百萬秒差距（3千萬光年）到100百萬秒差距（3億光年）程度的距離。

⑤Ia型超新星 ~30億光年

更遠星球的測定，使用「Ia型超新星」的方法。超新星——在第一章已經說明過——是巨大恆星死亡時發生的爆炸。而超新星有幾個種類。

「Ia型」指的是雙星系統發生的超新星。「雙星」是什麼呢？例如我們的太陽系，恆星只有太陽一個，但宇宙中有的恆星系統有兩個像太陽般的恆

圖II－4＊塔利・費舍爾法

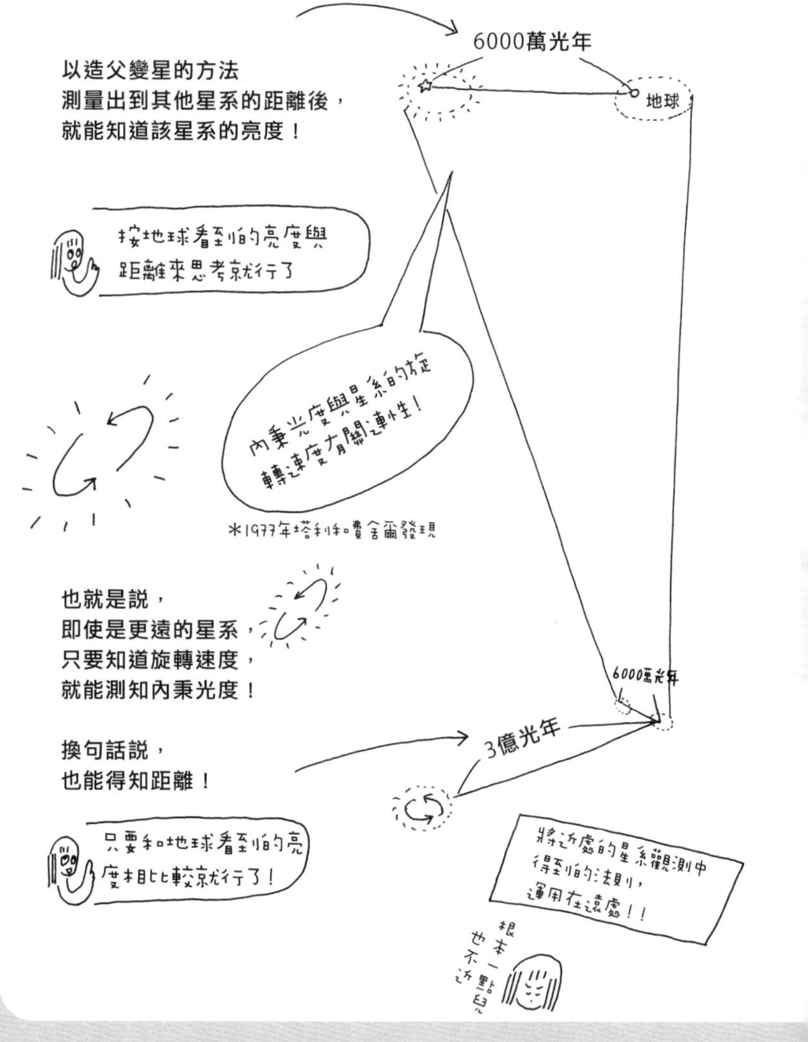

231

星。這就叫做「雙星」。

有兩個恆星，假設其中一個先死，而且它是一顆約如太陽的標準大小恆星的話，你想會有什麼結果呢？這種星死亡時會變成白矮星（圖10）。這顆白矮星與剩下的另一顆恆星會成為一對，互相繞著對方旋轉的「雙星」。

這時，恆星的氣體被白矮星的引力拉引，漸漸流向白矮星裡。白矮星吸收氣體後逐漸長大，當質量到達太陽質量的1.4倍時，就會發生超新星爆炸。這個「1.4倍太陽質量」，冠上第一個提出這主張的學者名字，叫做「錢卓質量」。

超新星可由它放出的光譜來分類。Ia型超新星的光譜特徵是看不到氫的吸收譜線，反倒是看到矽的吸收光譜線（吸收光譜是指，不同原子會有特定「容易吸收的波長」，在明亮光譜中會因原子吸收，而在這些特定波長處出現黑暗條紋（遺漏），也就是吸收線；藉由測量該吸收譜線的波長，即可知道含有哪種原子）。也就是說，可以觀測到那種光譜的話，就能用前述的機制知道它的質量正好是太陽的1.4倍，發生爆炸成為超新星。若是如此，也能知道它發

II-5＊Ia型超新星爆炸

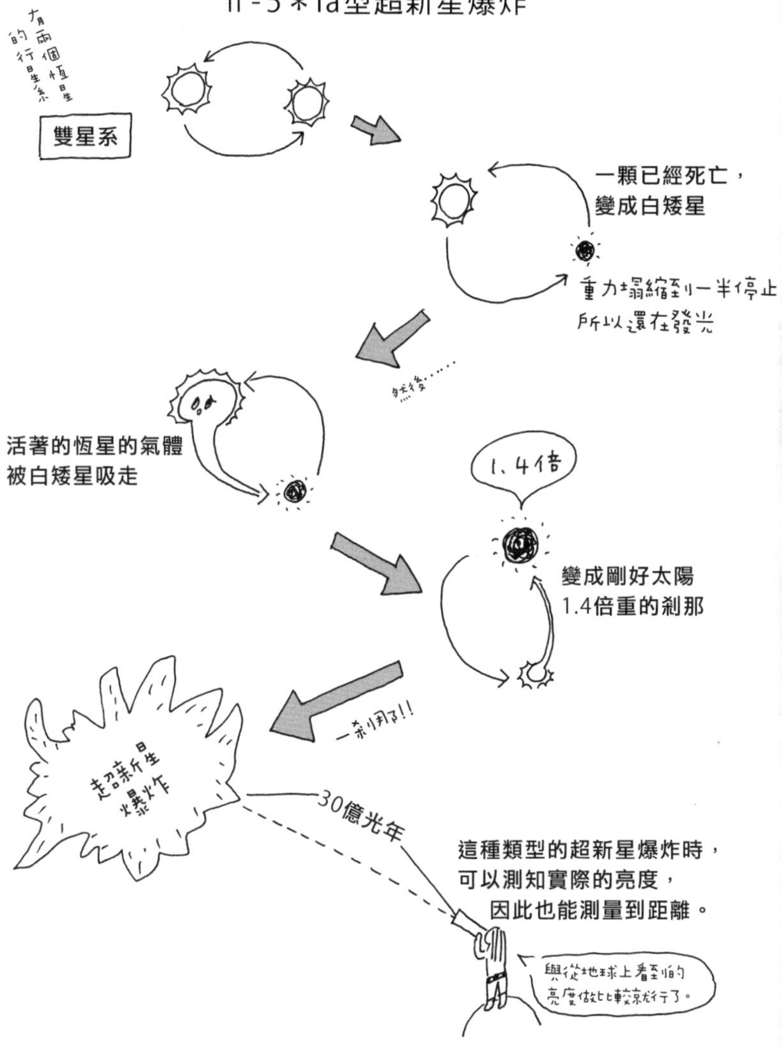
有兩個恆星的行星系
雙星系
一顆已經死亡，
變成白矮星
重力塌縮到一半停止
所以還在發光
然後……
活著的恆星的氣體
被白矮星吸走
1.4倍
變成剛好太陽
1.4倍重的剎那
一剎那!!
超新星爆炸
30億光年
這種類型的超新星爆炸時，
可以測知實際的亮度，
因此也能測量到距離。
與從地球上看到的亮度做比較就行了。

出多少光量（內秉光度）（因為它以太陽的1.4倍質量爆炸），之後，也像剛才所說，與地球所見到的亮度相比，就能知道距離了。

超新星極為明亮，所以可以測出1百萬秒差距，也就是30億光年遠的距離。

比這更遠的天體，我們已經沒有確實的測距方法了。只有信任哈伯常數的傾斜度，從退行速度反推而已。天體的距離d與退行速度v之間有比例關係。假設哈伯常數為H，則「v＝H×d」。如果依現在測定到的哈伯常數正確的話，之後只要測量退行速度，就可以用「d＝v／H」求得天體的距離了（退行速度可從紅移的量來求得）。

如同前面介紹，我們一般可視天體遠近，運用各種方法來測定它與地球的距離。而每一種方法，都是根據觀測近距離天體所得的知識，一步一步往上走。

第三章

暗物質

明明存在卻捕捉不到的物質，該如何捕捉呢？

今天有這麼多朋友來到這裡，非常感謝。我想大家不是衝著我來的，而是「宇宙」的魅力太吸引人了吧。

在我的工作地點筑波，聚集了許多研究單位。我們的研究所是基本粒子物理學的實驗設施，另外也有JAXA（宇宙航空研究開發機構），研究宇宙的組織。舉行活動時，聽眾的**到場數**完全無法同日而語。JAXA人聲鼎沸，但我們這裡卻只有小貓兩三隻……

宇宙論和基本粒子物理學是相當相似的領域。如果不懂基本粒子，就無法了解宇宙。可是落差竟然十萬八千里……可見宇宙真的非常受歡迎。

星星一定在動

好，今天我想來談談暗物質。在進入主題之前，我想請大家回想一下上一回說過的牛頓「運動定律」。牛頓思考「為什麼星星不會掉到地球上」，想出了「因為它在動」的答案。

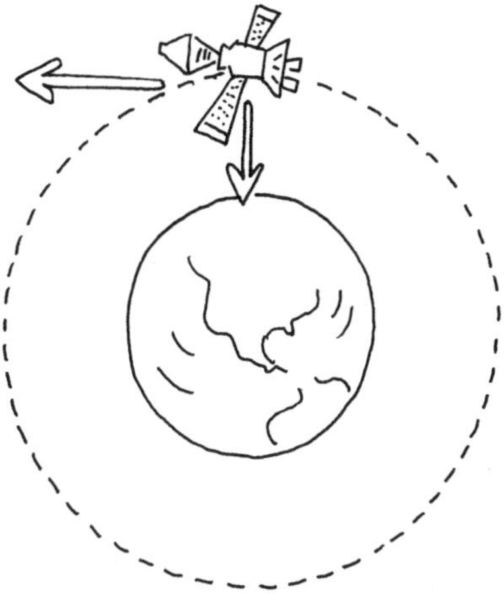

如果停止運動，就會掉下來。例如，這是人造衛星墜落地球前的狀態，但它並不是以靜止狀態飄浮在地球上空。因為重力一直在運作，一旦靜止的話，最後一定會朝著地球墜落。它沒有墜落，就是因為它相對（或是抵抗著？）重力朝某方向在運動。

這個圖的狀況，人造衛星正好繞著地球周圍打轉。它飛行的運動，與重力巧妙的維持均衡，所以不會掉落下來。它拚命的運動以避免墜落。

請各位記住，重力與運動永遠互為表裡。重力發生作用的地方，物體在運動。反言之，如果有天體在運動，那就是重力發生作用。

記住這個法則，今天講述的內容就會比較容易理解。

離太陽越近，公轉速度越快，離得越遠越慢

那麼我們先來想想太陽系行星的公轉運動吧。

太陽在正中央，行星繞著它的周圍旋轉（圖56☞）。行星不會朝著太陽墜落，是因為它保持著某個速度。而且越接近中心的星球，應該旋轉得越快。事實上水星旋轉的速度驚人的快，而最外側的海王星則是個慢郎中。

距離中心越遠，公轉速度越慢——我們做個圖表看看吧（圖56☞）。縱軸是「速度」，橫軸是「與太陽的距離」，輸入各別行星的速度之後，就會形成這樣。離太陽近的行星速度快，距離遠的速度慢。原因是離太陽越近，受到它的重力影響越大。重力正是公轉的原動力。請牢記，畫成圖表的話，可以描出這樣的曲線。

圖56＊行星的公轉速度

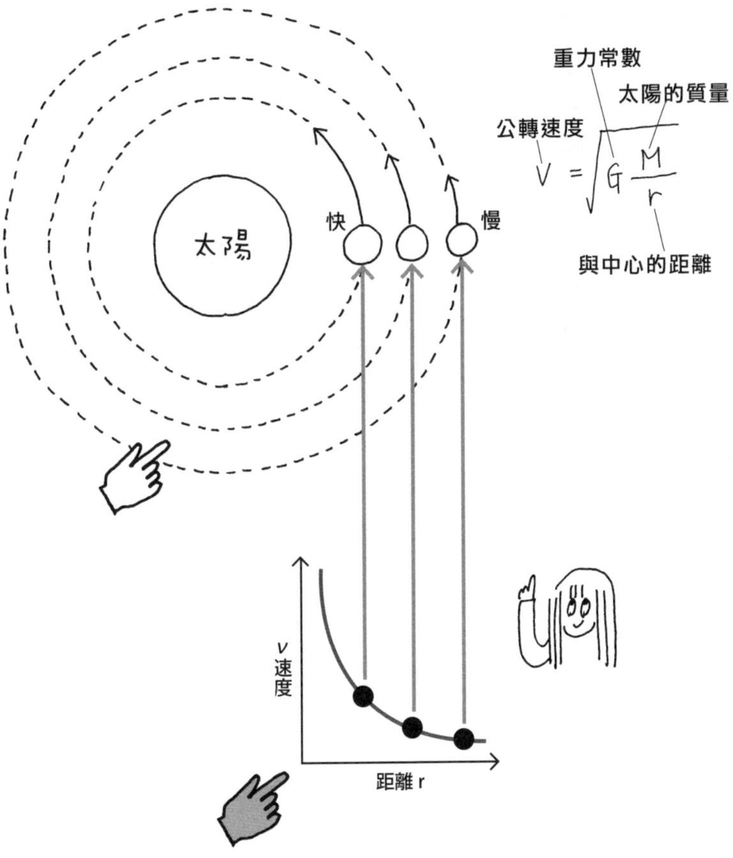

離中心越遠，

旋轉速度越慢

依據這個原理，我們再來看看星系吧。

這是仙女座星系（圖57）。大和宇宙戰艦的目的地——位於我們銀河系的隔壁，所以經常看得到它的名字。

從側面來看這個星系的話，會呈現這種形狀（圖57☞）。上面照片中的中央也是圓圓隆起的樣子，而且非常明亮。為什麼會這樣呢？因為正中央聚集了大量的恆星，周圍的星球則是呈圓盤狀散開的關係。

這就是被稱為「螺旋星系」的特徵，而中央星球聚集的地方，叫做「核球」（bulge＝凸出），而周圍叫做「盤面」（disk＝圓盤）。

從亮度的分布來推測，絕大多數的星球都集中在核球，周圍的盤面沒什麼星球。星系的結構就是這樣。

星系的自轉速度很奇怪……

接下來我們來思考一下星系的運動吧。

圖57＊星系的結構

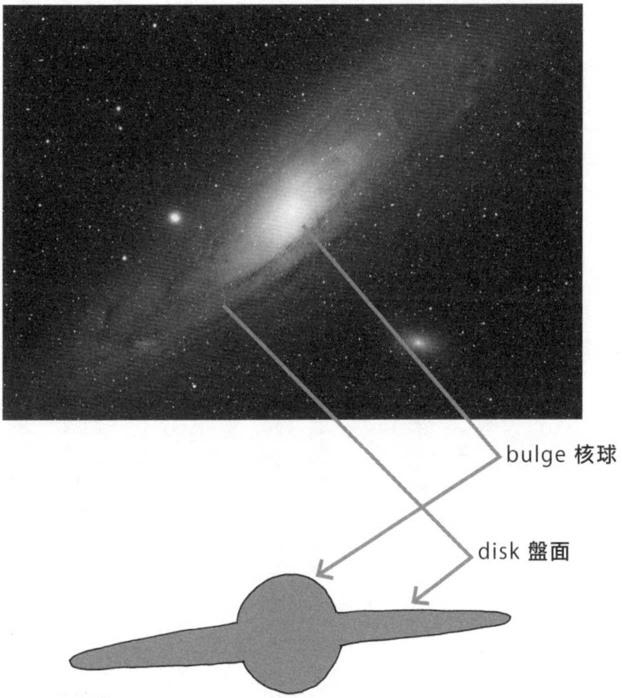

星系中央明亮燦爛的地方，聚集了大量星球。

看上去，星系是靜止的，但是仔細觀測一下，就會知道它也在旋轉。

星系聚集了大量恆星，當然是重力在運作的關係。如同一開始時我說過的，重力運作的地方，星球會恆常的運動。如果運動停止的話，就會朝著核球落下，所以它必定在旋轉。

再來思考盤面上星球的運動吧（圖58☞）。這些星球以多快的速度在運動呢？我們來測量一下它們個別的旋轉速度。

有一位學者叫做薇拉．魯賓，就真的做過這個測量——她是上一次講到的伽莫夫的學生——這位科學家使用的方法，是都卜勒效應。前一次也介紹過，這是波必定會出現的現象，遠離時波長會拉長。

以光來說，「波長拉長」的意思，在顏色上會往紅色方向（紅移）移動。測量它的偏移量，就可以測得星球的速度——這是上一回講義中說過的。

魯賓就是用這種方法，測量盤面上的星球速度。

預測的狀況是這樣（圖58☞），照理說，越接近核球，速度越快吧？

因為幾乎所有的質量都凝聚在核球，所以它應該和太陽系一樣，越近越快，

圖58＊星系的旋轉速度（預測）

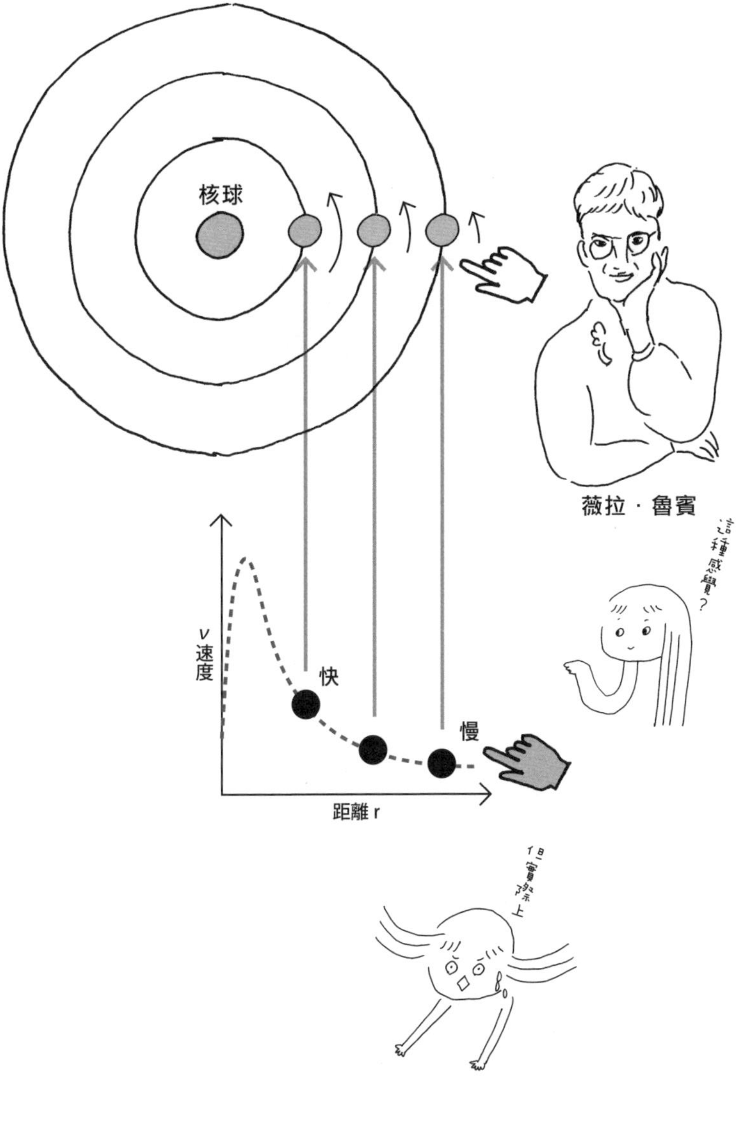

越遠越慢。若不是如此就有問題了。

可是……

但實際上這位學者發現了一個驚人的現象，不論內外，所有星球的旋轉速度幾乎都一樣（圖59☞）。即使距離中央十分遙遠，速度卻不變。

照理說，越往邊緣走，速度會越慢才對。速度沒有變慢，恐怕是發生以下這種狀況，即本來以為星球凝聚在核球，而周圍的盤面幾乎呈現**沒有**星球的狀態，但似乎不然，難道是有星球以外的物體，以「黑」的狀態密集分布在周圍嗎（圖59☞）？這裡應該有一些具有大質量的、無法以光看見的物質吧……

這個以「黑」顯示的領域稱為「銀暈」（halo＝光暈）。密集在銀暈中的某物——一般認為就是暗物質，就是今天的主角。「halo」這名字滿可愛，但卻是「黑暗的」。

這是宇宙的一個謎，今天就要來說說這個謎。

圖59＊星系的旋轉速度（實際）

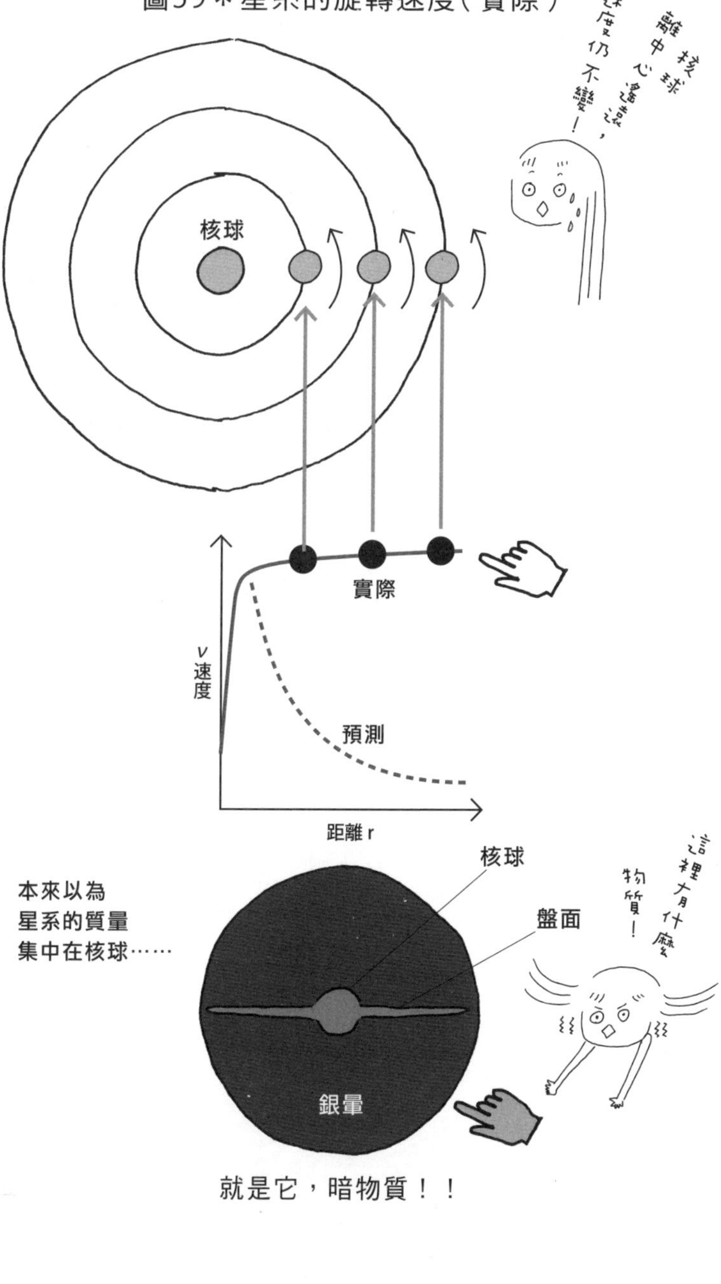

球形的笨蛋！

這一位是科學家茲威基（圖60）。他是超新星的專家，從他的名字弗里茨，很多人會以為，他是德語系的人，其實他是瑞士人，在美國做研究。

據說，他是個頑固老爹，可能因為自詡聰明，所以常常對人大聲責罵。罵人的方法也變化多端。但他最喜歡的一句，卻是「球形的笨蛋」。為什麼是「球形」呢？這表示不論從哪個角度看都是笨蛋的意思……算是個不夠聰明還會意不來的玩笑。德國常常有這類玩笑話，需要轉個彎想才會明白，但一點都不好笑。

剛才的那位魯賓在70年代時，曾研究過星系的旋轉速度，得出「好像有暗物質」的結論。但是這位茲威基卻在她40年前——也就是一九三〇年代，就發現了這個驚人的現象。當時的時代既沒有「暗物質」這個名稱，連概念都沒有。但這位學者並不是研究星系中一顆顆恆星的旋轉運動，他研究的是星系本身的動態。

這個圖是「后髮星系團」，其中發出朦朧光線的圓盤狀物體，每一個都是一個星系（圖60☞），集合了大量星系的天體叫做星系團。

圖60＊星系團的運動

弗里茨．茲威基

后髮座星系團

NASA

既然每一個圓盤都是星系的話，質量當然大得不得了。質量大的星系大量聚集——聚集歸聚集，但也有著相當的距離——會產生無法想像的重力。既然重力在運作，當然就會運動。茲威基便因此研究起星系團的運動。

運用牛頓的運動定律，計算速度，就可以估算出質量。若要對一個一個星系縝密的計算，需要極困難的演算，但是有一種匯總這種問題的學問，叫做統計力學，使用它就能比較簡單的求得。

為星星取你的名字送給你

對了，為什麼會取「后髮座」這個名字呢。星座的取名最初是從「把某顆星和另一顆星連起來，變成某種形狀」的方式開始的，但世界各地都有不同取法，很容易造成混亂。所以某一時候決定做個統一，國際天文學會的組織決定了哪裡是獅子座，哪裡是小熊座——雖然怎麼看也不像小熊啊——長得像「后髮」的說法也很玄奇，不過，那個組織就決定了「后髮座」的名字。

再說件不相干的事。天體中只有星座和一等星會取名字。各位應該也有聽過織女星或是牛郎星吧，但是二等星以下基本上沒有名字。二等星中有取名的，只有北極星，其他的都是無名星，你可以任意幫它們取名。

因為這個原因，還興起了一門生意。有人以「為星星取你的名字送給你」作為宣傳，只要付一筆錢，就能拿到認定書之類的證明。但實際上並沒有得到國際天文學會的承認，只是隨便任意取名而已。其實不用花錢，自己隨便幫一顆星取名也是一樣。那種手法只是欺騙不懂內情的人罷了。

失蹤的質量

話題岔遠了。茲威基研究星系的動態，從它們的速度計算出整個星系團的質量。

相對的，星系是星球的聚集處，幾個太陽的亮度，就有幾個太陽的重量，按照這個推理，從亮度來求得質量。

用不同的兩種方法都能計算星系團的質量，但基本上怎麼算，答案都該有某種程度的吻合才對。但是，結果卻大相徑庭。差距不是2倍，而是4百倍。

什麼原因造成4百倍的差距呢？

因為某個原因造成了4百倍的差。為什麼會差這麼多。

當時還沒有「暗物質」的想法，所以茲威基取了這樣的名字——「missing mass」（失蹤的質量），也就是出現了消失不見的質量，而且高達4百倍……

與剛才的魯賓一樣，從運動定律來思考，除了亮星以外的部分，應該還有什麼物體的質量。只是它們不發光，我們看不見。魯賓當時只想到星系的**內部**好像有什麼，但是星系的**外部**也有呢。

暗物質以外的解釋① 電漿宇宙論

至於「有暗物質」的說法，仔細想想其實滿奇怪的。**有個**看不見的東西在那裡，但不知道是什麼，聽起來跟「那裡有鬼！」的感覺差不多。所以，也有人想出「那裡有看不見的東西」之外的解釋。他們認為應該有別的因素。

各種解釋很多，我就舉其中最有名的兩個例子吧。

第一個是「電漿宇宙論」。

宇宙中飄浮著未能成為星球的粒子——類似氣體狀態的粒子，它們呈現等離子的狀態（電漿狀態）。「等離子」就是原子分開為原子核（＋）與電子（－）的狀態。原子的＋和－互相抵消，呈現中性，但若是在等離子狀態，當然就會有電磁力的運作。也就是說，天體不只有重力，若把電磁力的影響也加進去，天體的運動就會變快很多。只計算天體重力的話，數據不吻合，但把電磁力引起的運動也考慮進去，說不定就能吻合了……這就是所謂的「電漿宇宙論」。

若只看運動的話，這樣的解釋好像說得通。但是這個理論有個缺點，它與大霹靂矛盾。也就是說，如果電磁力也在作用的話，那就表示只靠重力作用推演出的大霹靂宇宙論不能成立。但是，前一回我們說過，大霹靂宇宙論的證據已陸續找到。因此，電漿宇宙論是個有問題的理論。

暗物質以外的解釋② 修正的牛頓力學

另一個「暗物質」之外的解釋是修正的牛頓力學，即牛頓力學不成立的說法。

牛頓力學在說明太陽系內的運動非常完美。它是種從運動狀態求重力，或從重力求運動狀態的理論，但我們在地球上的世界，基本上都是遵從牛頓力學設計出來的，所以稱它「不合理」，令人會產生「那明天開始該怎麼辦」的困惑。

例如，將「從運動求出」的地球質量，與「從密度求出」的地震波傳播方式相比，數據吻合的精確度非常高。所以，只要是行星的現象，牛頓力學都可以做出完美的解釋，然而套用在更大的星系，可能就不能成立了。

由於的確有前面數據差距很大的問題，所以有人提出這樣的疑點時，的確會令人半信半疑。只是，這個說法還是沒道理啊。套用在行星尺寸時能夠成立，但到了星系就無法成立？那麼，從哪裡開始變得不成立呢？沒有根據可以否定大尺度下的牛頓力學。

另一點，在前兩回談黑洞時有提到的「重力透鏡效應」。牛頓力學不成立的話，就無法解釋光會因為重力而彎曲的現象。若想以修正的牛頓力學來解釋，就表示「可能有暗物質存在的空間」可以空無一物。但是實際上，經由重力透鏡的效應，已知那個地方確實有質量。這個理論也與重力的最基本理論——「相對論」相矛盾。所以學界也認為「有點說不通」。

因此，如果假設原有的理論或定律——牛頓力學和相對論都正確的話，「這些現象是由某些看不見的暗物質引起」的解釋就變得順理成章了。這也是現在學界的主流。

包立的訓誨：不要懷疑基本法則

我想起一個題外話，說到「不能因為出現了不知名的東西，就懷疑原有的理論和法則……」我想起了一件事。在我另一本書《酷斃了的實驗》中也有寫到，最初，科學家提出微中子這種基本粒子時也遇到類似的情形。

怎麼回事呢，這件事跟中子有點關係。中子若是單獨在原子核之外就會自然衰變，變成質子和電子。到那時，中子原先具備的能量，與變成質子和電子後的能量相比，數字合不起來……少許的能量消失無蹤了。

由於這現象破壞了能量守恆定律（加上動量守恆定律）這個非常重要的基本定律，所以當時成為話題。有人懷疑：「能量守恆定律，也許在基本粒子那種微小的世界裡不成立吧？」這話和剛才的故事一模一樣，對吧？——「牛頓力學在我們的世界裡成立，但在星系那麼大的世界就不成立了。」

但是，就在那時，包立這位偉大的學者說：「不可輕易懷疑能量守恆定律等基本的法則。」包立是在眾人質疑「那麼該如何解釋？」的時候，如此回答的。他說：「應該有我們還沒有發現的粒子。一定是它帶走了能量。」

這和剛才的故事十分相似。「應該有肉眼看不見的暗物質存在。」也就是說，法則是正確的，只是我們還沒有觀測到，因而應該認為那裡存在著某種還沒找到的物質。

包立認為帶走了能量的粒子，竟然在他說這話的26年後，真的找到了。那種粒子就是微中子。它非常微小，不帶電，不易與其他物質產生反應。所以也非常

圖61＊微中子的發現

沃夫岡・包立

一定是還沒有找到的
粒子（微中子）
帶走了能量。

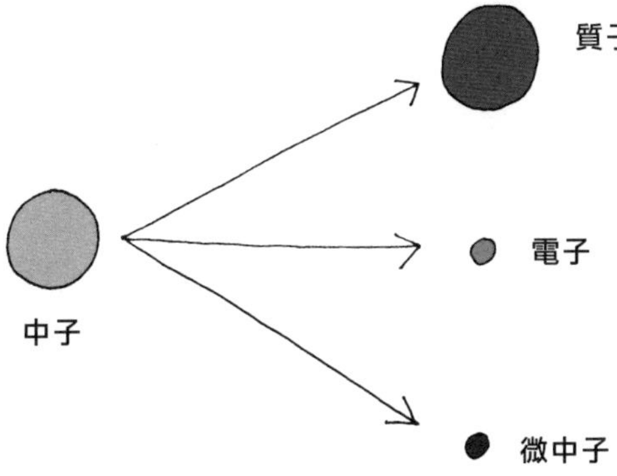

難以尋找，但終於找到它了。原本包立只是為了維持能量守恆定律而隨便丟出的想法，卻真的找到了。

所以，暗物質會不會也是一樣的呢？

利用哈伯宇宙望遠鏡，觀測宇宙質量的分布

那麼，暗物質的真面目到底是什麼？在切入這個主題之前，我們先前談過，暗物質充塞在宇宙、充塞在銀暈、充塞在星系團，但是**它是怎麼充塞**的呢？這裡有一張有趣的畫，我們來看一下。

「重力透鏡效應」——重力導致空間扭曲，使光無法直線行進，應該是全宇宙都會發生的現象……暗物質具有巨大的質量，因此通過它四周的光也會彎曲才對。這是某個星系團的照片，星系的圓盤真的彎了吧（圖62☞）。

如果我們一一檢視宇宙各角落光線彎曲、空間扭曲的狀況，就會發現某些

圖62＊星系光線彎曲……
（重力透鏡的效果）

©W.Couch, R.Ellis and NASA

地方彎曲得特別嚴重，充塞著暗物質，另一些地方扭曲比較小，可能沒什麼暗物質……

匯總的結果就是這張圖（圖63☜）。滲出白色的部分，是我們實際看到的發光體，也就是恆星。白線圈起來的內側沒有發光，從空間的彎曲來推測，有些質量聚集，也就是說學者認為這裡有暗物質。下圖則是轉換成3D立體影像，很像撕碎的海綿或是生薑的狀態。學者認為暗物質就是這樣分布在宇宙中，並不平均，而是有密有疏。還記得上一章內容的朋友，也許會想起那時說的就是這個部分。我們晚點再繼續說。

明白了暗物質的分布，那麼它究竟是什麼東西？

宇宙中有多少暗物質？

關於它的真面目，大家已經等很久了吧。宇宙中到底有多少暗物質呢？試著

圖63＊暗物質的分布

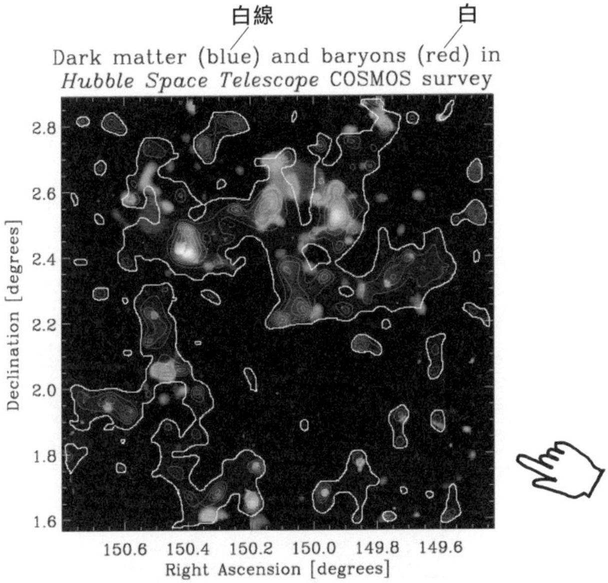

一般物質與暗物質的分布（平面）

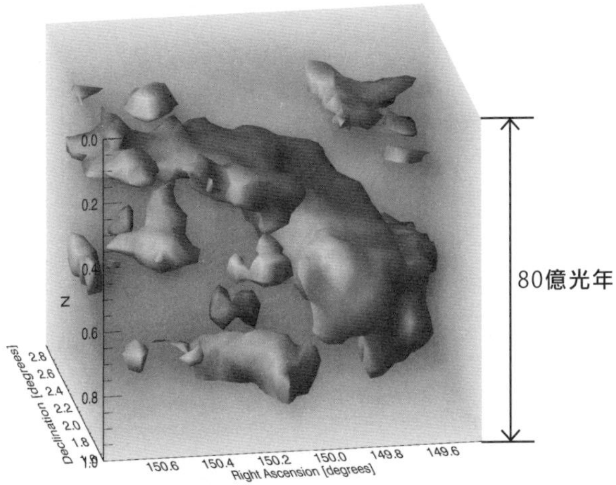

暗物質的分布（立體）

推測一下它的量吧。

從一開始介紹到的星系旋轉速度，可以推測得出我們銀河充塞了多少暗物質。例如，與地球相同的體積中，你們猜會有多少暗物質呢？意外的並不多，大概只有500公克左右。少得令人驚訝吧。

地球的體積非常大，它的質量有6×10^{27}公克（圖64☞），一共有27個零，相比之下，暗物質只有2個零，比數也太懸殊了吧。

可是，這是因為與宇宙中極其特殊的地方——像地球這種物質密集的星球——相比，才會有稀少的感覺。思考到暗物質遍及全宇宙的影響時，不論是一般物質或是暗物質，都必須以**全宇宙**的格局來思考才行。

因此，我們試著算看看全宇宙裡所有物質的平均密度。把全宇宙的物質完全粉碎、攪合均勻，從空間切出1立方公尺的體積，其中含有的所有物質質量會有多少呢？把它換算成質子的質量，只有6顆質子的質量。

進而，這1立方公尺中的質子等一般物質——暗物質除外——又有多少呢？

圖64＊暗物質的量

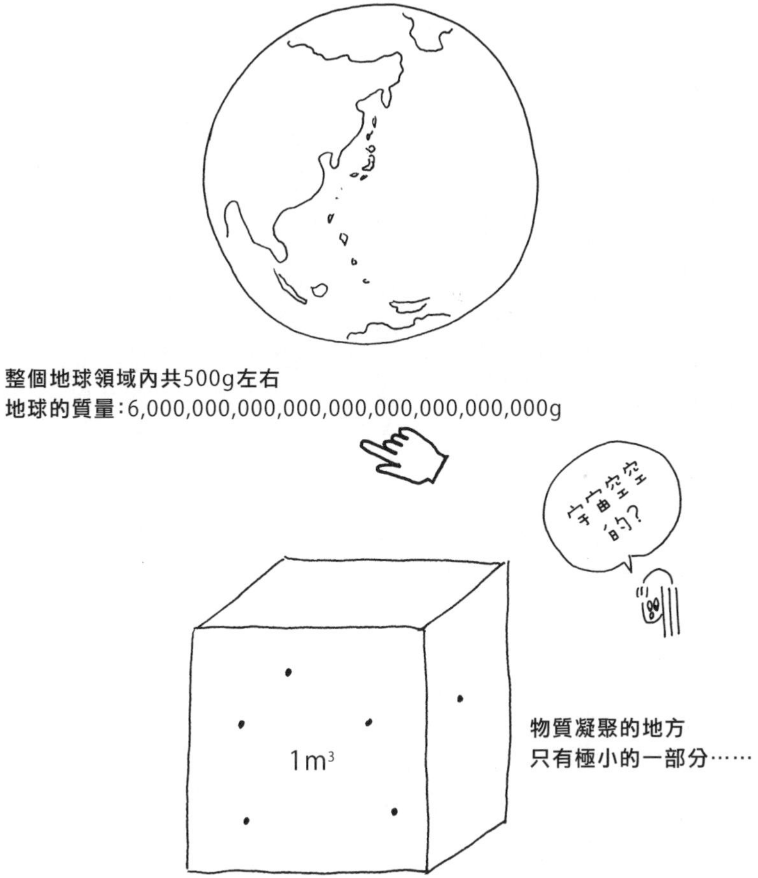
整個地球領域內共500g左右
地球的質量：6,000,000,000,000,000,000,000,000,000g
宇宙空空的？
1m³
物質凝聚的地方
只有極小的一部分……

如果考量全宇宙的平均密度，取其中1立方公尺的話，
只含有相當於6個質子的質量。
進而，這裡面的一般物質只有0.2個質子的質量。

只有區區0.2個的程度。

像地球這種物質極端聚集的地方，在宇宙中非常有限，而暗物質的量從局部來看，也非常少。但是，因為它稀薄的、遍布在宇宙所有角落，所以從全宇宙來思考的話，數量也就相當多了。

暗物質的分布如同消費稅

對了，大家都知道，消費稅又要調高了吧。為什麼那麼多種稅當中，只有消費稅要調高呢？

因為它是按照扣稅的原則定出來的。稅金不能只從富人手中課徵。雖然可以從有錢人手中多課一點，但是世界上有錢人並不多。所以正確的方法是從絕大多數的庶民身上，一點一滴的收取。微薄而廣泛的課徵，才能課到大量的錢。

暗物質也是一樣，局部看起來很稀薄，但是它散布在全宇宙，薄而廣泛的存在。宇宙中極少有一般物質凝聚的地方。相比之下，從存在於宇宙各角落的「庶民」手上一點一滴的收集，量反而會多得多。

除了消費稅之外，最近住民稅（譯注：日本地方稅的一種，在一般所得稅外，也是按所得累進課徵）也要提高了，加上我是公務員，又被「減額8%」（譯注：作者指的是12年度起日本為籌措復興財源，而對全國公務員平均減薪8%兩年，在13年度年底結束），薪水一下子被砍了好多。地震之後，我們為了研究機構的復舊，日以繼夜的工作，交出了漂亮的成績單，結果還被減薪，感覺真是悲哀啊。政治有夠暗黑啦！

暗物質的候選者① MACHO（大質量緻密暈族天體）

好了，終於要揭開暗物質的真面目了。先說結論吧。

結論就是不知道。知道的人可以得諾貝爾獎。就因為不知道，才叫它「暗物質」嘛。若是發現了什麼——舉例來說，發現了它是○○粒子，大家就叫它○○就好了。在確認之前，它就只能一直「暗」下去。

當然，用一句「我不知道，啊哈哈哈。」打發過去就太混了，所以大家想出幾個候選者。學者雖然在探索暗物質，但並不是瞎子摸象的找，而是推測它「是不是○○？」使用可以檢驗的裝置尋找。

我們對暗物質的了解，第一是不發光。因為不發光，所以我們的眼睛觀測不到。就算它會發光，也不是可見光，而是紅外線或電波之類的光吧——所以直到現在還找不到。

但是，仔細想想，世上很少有物體會自己發光吧。地球不會發光，我面前的杯子也不會發光啊。我們看得到它，是它承受了太陽光或電燈光反射出來的緣故，並不是它們自己的光。

因此，我們第一想到的是「不會發光的天體」。

不像恆星那樣發光的天體，多得數不清。在太陽系來說，除了太陽之外的星，都可以算是。聚集這些不發光星星的物體就是暗物質的真面目吧？大家順理成章會這麼想。

除了行星之外，例如中子星或黑洞、棕矮星——氣體凝集成塊，但還未到達核聚變臨界點，不能成為恆星的星球——也不發光，所以這些也可以列為候選者吧。

圖65＊暗物質的候選者〈之一〉大質量緻密暈族天體

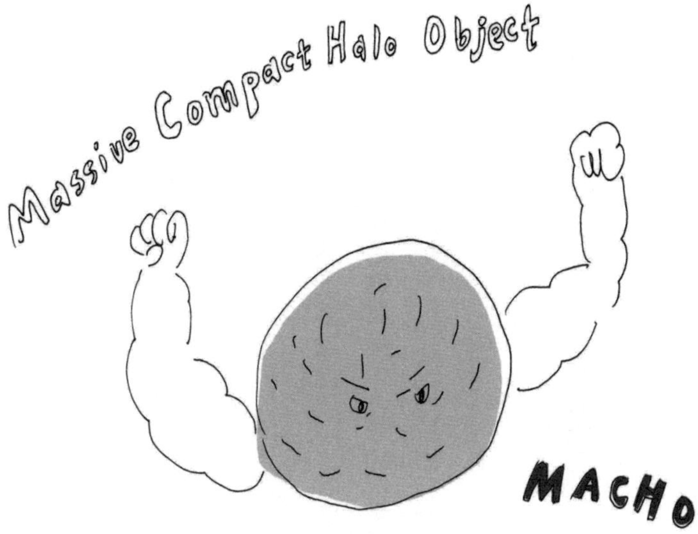
Massive Compact Halo Object
MACHO

不像恆星那樣發光燦爛的天體
棕矮星、中子星、黑洞等

把不會發光的星星都聚集起來，量也不夠……

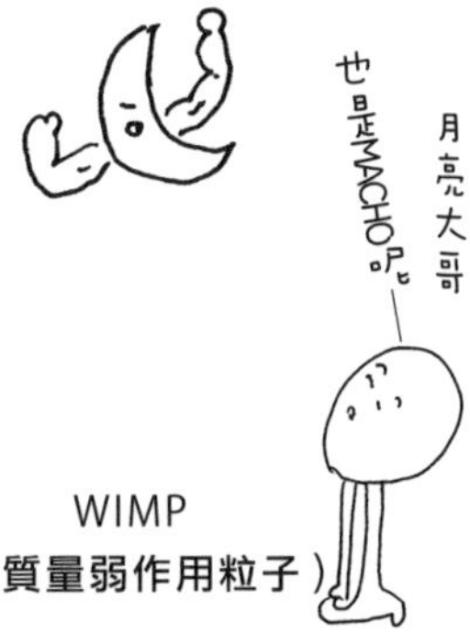
月亮大哥
也是MACHO吧

WIMP
（大質量弱作用粒子）

像這樣不會發光，卻又具有相當質量的天體，我們叫做「大質量緻密暈族天體」（MACHO, massive compact halo objects）。這種天體會不會就是暗物質的真面目呢？

只是，如果真是它的話，數量還差太遠了。一開始講到的星系旋轉速度，或是星系的運動等，但MACHO的數量（質量）都不足以解釋這些現象，太少了……

就以太陽系來說，看看質量的比例就知道，太陽占有絕大多數，木星看起來雖然很大，但質量只佔一點點比例，就算把不發光的星球集合起來，數量也望塵莫及。MACHO只是物質集中在一個地方的狀態，就像前面提到的少數有錢人一樣。暗物質的重點在於廣泛而稀薄的分布，所以數量不夠可以想見。

所以，再來想想更廣泛分散的物質吧。

暗物質的候選者② 基本粒子

於是被推選為候選者的是「廣泛分布在全宇宙的基本粒子」。不能像星球那樣凝聚的基本粒子，在宇宙中應該非常多，所以我們也來想想它的可能性。

基本粒子並非什麼都行。例如，若是要找帶電的粒子，有人已經找到了。或是會與既有粒子（例如質子）產生反應的粒子，從這一百多年的物理學歷史中應該也已經找到。至今還沒有發現，意味著這種基本粒子既不帶電，與其他粒子幾乎沒有任何反應。

「電荷屬於中性，但缺乏與一般物質產生反應的基本粒子」——當你聽到這句話，腦中想到了什麼呢？

熱基本粒子的候選者——微中子

思索基本粒子的候選者，可先把它們分成兩大類。

HDM（Hot Dark Matter）：「熱的」暗物質，稱作熱暗物質。

CDM（Cold Dark Matter）：「冷的」暗物質，稱作冷暗物質。

「熱」顧名思義，粒子的能量高＝速度快的意思。例如，我們喝的飲料，冷飲中的分子運動緩慢，但開始快速運動時，就會變熱。「熱」和「冷」，簡言之代表的是其中粒子的速度（能量）。

「熱暗物質」是動作非常快速的暗物質，「冷暗物質」則是動作很緩慢（幾乎不動）的暗物質。熱暗物質的第一名候選者，是微中子（neutrino）。微中子以近乎光的速度運動，非常快速（＝熱）。

而且，微中子的數量，在宇宙中僅次於光，所以就數量而言相當龐大。如果微中子具有少許質量的話，全宇宙的質量將會非常巨大。

還有，進入本世紀之後，已經證實了微中子具有質量，有望成為暗物質的候選者。可惜，並不是。原因我在後面會說明。

冷基本粒子的候選者——WIMP和軸子

那麼，若是暗物質並非熱粒子（HDM），而是冷粒子（CDM）的話——我

圖66＊暗物質的候選者〈之二〉基本粒子

廣泛分布在宇宙的基本粒子是最有希望的候選者
電荷為中性，缺乏與一般物質的反應

候選的基本粒子分為「熱粒子」與「冷粒子」兩種

HDM（Hot Dark Matter）：熱暗物質
微中子

CDM（Cold Dark Matter）：冷暗物質

WIMP（Weakly Interacting Massive Particle）
重（質子的30倍以上）×少

如果WIMP是中性伴子的話

軸子：從強作用力的理論（量子色動力學）中假設的粒子
輕（質子的0.00000000000001倍程度）×多

關於WIMP與軸子的詳細內容，
請看專題III

們就來思考一下幾乎不動的基本粒子吧。

具有這種資格的基本粒子很多。這裡舉出「**重**而冷的暗物質」與「**輕**而冷的暗物質」的兩個候選者（圖66☞）。

重而冷的暗物質叫做「WIMP」，在英文中有「懦弱鬼」的意思，但它是按「Weakly（弱）Interacting（反應）Massive（有質量）Particle（粒子）」的性質直接命名。也就是在取名的階段，還不知道WIMP到底是什麼東西。只能算是重而冷的基本粒子總稱，真正身分還不清楚。

當然，WIMP也有候選者，例如超對稱粒子「中性伴子」（neutralino）——超對稱性理論預言其存在的粒子——最希望當選（詳情請見專題）。

輕而冷的暗物質候選者，叫做軸子（Axion）。這種粒子的性質倒是已經很確定了。

「WIMP」與「軸子」的共通點是「幾乎不動＝冷」，但WIMP非常重，而軸子極端輕。WIMP比質子重30倍（WIMP是中性伴子的狀況下）。相對而言，軸子只有質子的1百兆分之1，在基本粒子當中都算是極度的輕。只是，軸子的數量多不勝數。WIMP（中性伴子）的數量則沒有那麼多。由此而知，冷暗物質的候選者呈現對照的狀態。

暗物質的探索方法

那麼，實際的來探索一下暗物質吧。如果要尋找來路不明的物質，恐怕不得其門而入，不過如果有了候選者，就可以找找看。

例如，假設暗物質是微中子，又或是軸子好了。假定「暗物質是○○」。然後，只要善加利用各別粒子特質上的不同，也許就能找到。

例如，以WIMP來說，我們已知道它是幾乎不動、非常重的物質。因此——等一下再說明原理——可以讓WIMP與原子核相撞，然後觀察原子核飛出的狀態就可以了。

另一方面，如果是軸子的話，將它置於磁場中，就會變成光。不過它不是可見光，而是其他波段電磁波，若以頻率來看，大約是2GHz，與微波爐內的電磁波差不多。電磁波是我們可以掌握的波，將它捕捉下來就行了。

如同前例，先假設出各候選者，就可以搜尋。

暗物質實驗的長處是不用特地準備人工製造暗物質的機器——因為對它完全不了解，也不知道該如何做起——只要準備測量器就行了。如同剛才所說，暗物質充塞於宇宙之間，就算把測量器放在這裡，暗物質應該會自然的飄進來。

使用液態氙的XMASS實驗

那麼，我簡單解釋一下各實驗的代表性事物。

這一台是尋找WIMP的「XMASS」實驗檢測器（圖67）。它有個漂亮的黃銅色球體，裡面放了液態氙。

圖67＊XMASS

放有液態氙的檢測器

©東京大學宇宙線研究所神岡宇宙基本粒子研究設施

氙和氦、氖一樣，都是存在於空氣中的氣體。這種氣體的溫度下降，到達-100℃時，會變成液體。液態氙有許多特徵，其中一種是會變成「閃爍體」（scintillator）。「閃爍體」是什麼呢？就是帶電的粒子通過它時會放光的探測器。例如，你們聽過放射線的檢測器吧？它有好幾個種類，其中之一是使用碘化鈉——我們叫它NaI——的結晶來檢測的機器，屬於固態閃爍體。

放射線（帶電荷的粒子）進入閃爍體中就會放光，因此這個做法是預備多台檢測光的裝置，將閃爍體團團圍住，每次放光就計數，檢測放射線。

地球以每秒2百公里的速度在運動

這個球體的檢測裝置裡裝滿了閃爍體（液態氙）。

但是，剛才也說過，WIMP並不帶電。所以，WIMP不可能讓閃爍體直接放光，不過可以間接的放光。

假設WIMP飛進裝滿氙的地方，WIMP會碰撞氙的原子核。

重點在這裡。如同先前說過，冷暗物質幾乎不會動，要如何讓那種靜止的物質碰撞氙的原子核呢？答案很簡單，因為地球在運動，而且速度還相當快。地球公轉的速度是每秒30公里。人類就算拚全力快跑，每秒也只能跑10公尺吧。地球繞行太陽的速度非常快。

進而，銀河本身也在自轉，所以它的自轉速度，在地球的位置來說，高達每秒2百公里。也就是說現在這個時間點，地球也在飛快的運動。雖然我們自己不太感覺得到。

所以，雖然WIMP處於靜止狀態，但因為地球以極快的速度在運行，從地球的角度看起來，好像WIMP正往我們衝過來的態勢。因而，只要把這種檢測器放在這裡，WIMP就會自己飛進來。

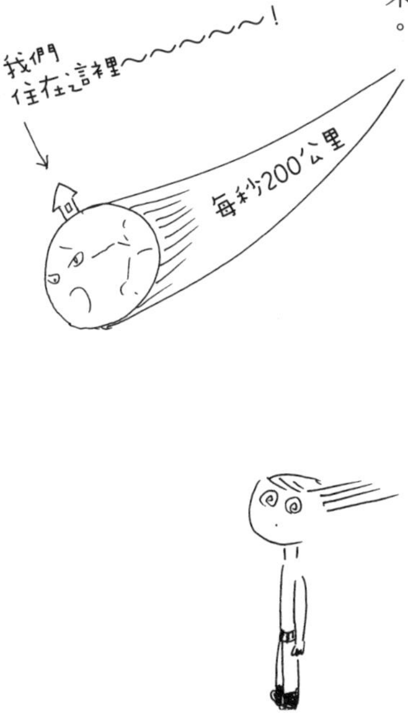

WIMP撞擊氙原子核時……

ＷＩＭＰ即使衝進來，由於反應太弱，幾乎都直接穿行過去了。只有極少極少的粒子，撞擊到氙的原子核（圖68☞）。

ＷＩＭＰ「很重」——這是重點。如果飛進來的是軸子或微中子等輕粒子的話，就算撞擊到，氙的原子核也會依然不動如山。輕粒子打到根本不痛不癢。

可是，因為ＷＩＭＰ很重，打中的話，氙原子核會彈飛起來。原子核基本上是帶電的（帶＋電）。帶電的粒子在動，閃爍體內自然就會發生光。到時，只要捕捉到光的話，就知道「哦，ＷＩＭＰ打中了。」

彈飛的氙原子核會令閃爍體發光，彈飛的原子核變成了撞球，所以光（原子核的軌跡）就會向四面八方飛馳。因此，使用光電倍增管來檢測這些光的話，很可能就會發現ＷＩＭＰ了。

圖68＊XMASS的結構

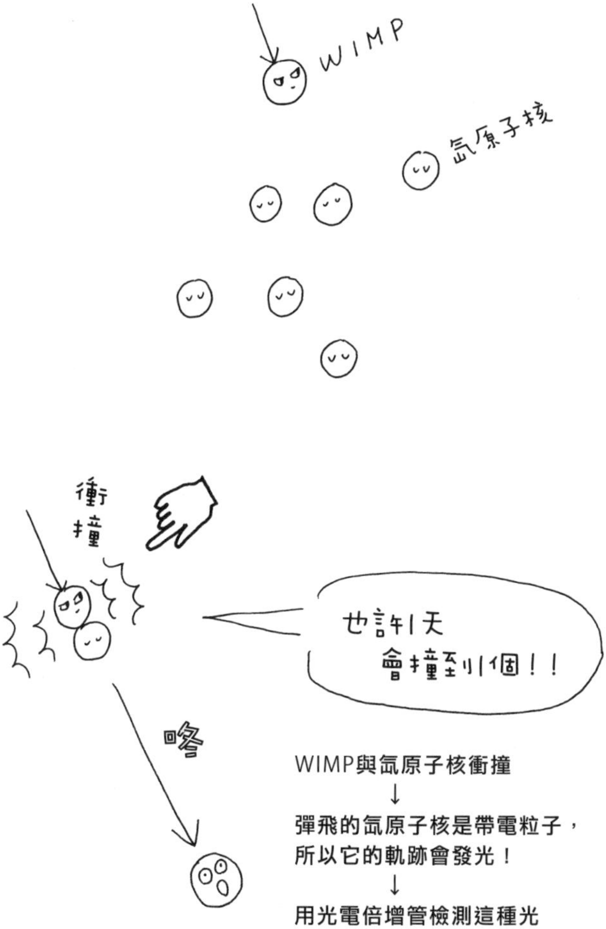
WIMP
氙原子核
衝撞
也許1天
會撞到1個！！
咚
WIMP與氙原子核衝撞
↓
彈飛的氙原子核是帶電粒子，
所以它的軌跡會發光！
↓
用光電倍增管檢測這種光

水封住雜音

這是整個實驗裝置的概念圖（圖69）。

如圖所示，用水塔包覆核心的液態氙檢測器。不論任何帶電的粒子闖進這個裝置，都會發光。所以必須加以遮蔽。

例如放射線。太陽也會發出放射線，那附近的所有物體——包括人類也會放出來，都會計測進去。相對的，WIMP的撞擊卻十分稀有，1天可能1個都不到。

因此，為了遮蔽放射線之類的帶電粒子，檢測器以水塔包覆，然後埋在地底深處。地點在岐阜縣神岡町舊神岡礦山的坑道中。這裡埋了很多器材，包括微中子檢測器「超級神岡探測器」（Super-Kamiokande）。

補充一點，為什麼要用水呢？因為它最便宜，而且即使需要大量預備也很方便。而且水很適合遮蔽這個實驗預測到的雜音——想排除的放射線。除去水的體積大之外，它算是最完美的遮蔽物。

圖69＊XMASS（全景）

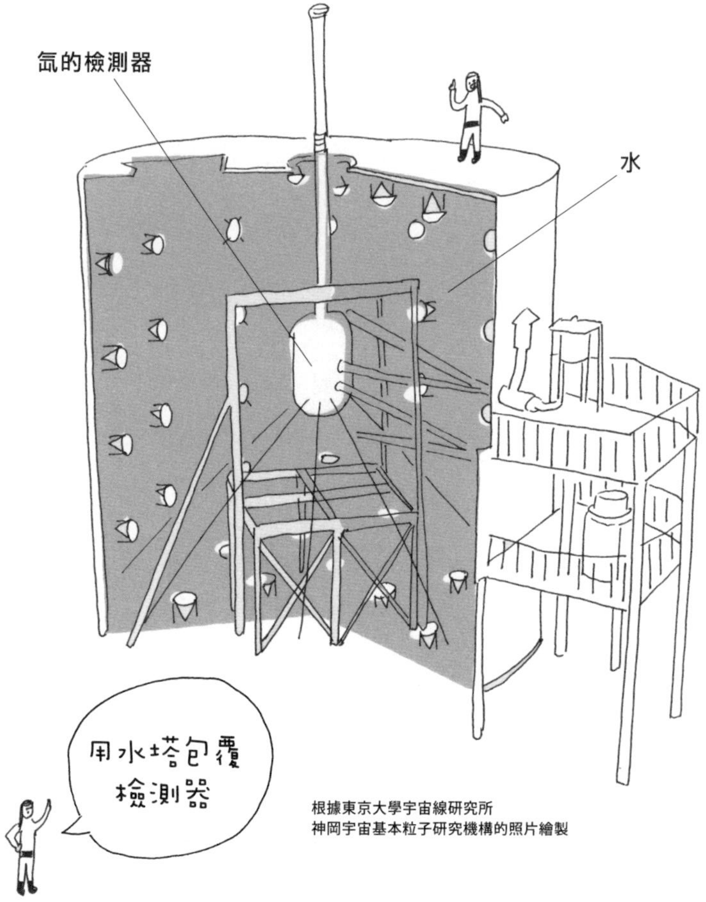

根據東京大學宇宙線研究所
神岡宇宙基本粒子研究機構的照片繪製

夏天和冬天的撞擊方向不同

我們就用這個裝置來尋找WIMP，但是這裡有個很有趣的想法。

剛才我說過，地球並不是靜止不動，而是繞著太陽公轉。因此它的運動，在夏天和冬天正好是反方向吧？

如果暗物質在宇宙中處於靜止狀態的話，地球撞擊到它時，夏冬的方向也會不同才對。所以，如果這個檢測器看得出夏和冬的撞擊方向不同，那就百分之百確定它是冷暗物質（WIMP）……。也可以成為不可能有其他原因的證明。觀察季節的變化十分重要。

在第一章介紹相對論的時候，我曾說過「以太並不存在」，這裡的狀況有點相似。

以太是一種靜止的物質，如果它充塞在宇宙中的話，光通過以太中的速度，應該會隨裝置的方向而有所不同。但是，科學家卻發現沒有差異，所以得出「以太並不存在」的結論（85頁，邁克生·莫雷的實驗）。

現在這個實驗也同樣，利用地球公轉的**方向性**。XMASS的實驗才剛剛開始，不妨期待它的結果。

撿到各種有的沒的的軸子實驗

我也簡單的說明一下，另一個冷而輕的暗物質——軸子的搜尋方法。與WIMP實驗相比，相當冷門……而且檢測的難度也非常高。因為很難，所以進行探索軸子實驗的團體也非常少。但是，因為我個人參與過這個實驗，所以在此說明一下。

為什麼很難？如剛才所說，軸子置於磁場中的話，會轉變為光（電磁波）。因此實驗的目的就是捕捉該電磁波。可能有人會說：「捕捉電磁波很簡單嘛！」只要有天線、有擴大器，隨便都能抓得到吧。如果有人帶無線對講機進來，打開就抓得到對吧。而且只有2GHz的程度，正好與Wi－Fi路由器或微波爐相同周波數帶。這點程度的電磁波，要抓還怕沒有嗎？

問題就在這裡。抓電磁波**太容易**了，所以，周圍各種電磁波都能隨便撈到，除了軸子之外的大量粒子……電磁波就是這樣，到處都有。

從前，深夜聽收音機時，偶爾會聽到從來沒聽過的語言插進來，那是北韓的廣播。北韓的廣播電波非常強。一到深夜，電波容易傳播，所以聽得非常清晰。我住在關西，深夜可以聽得到東京的文化放送，但是還不及平壤的電波強呢。真黑暗啊（笑）！

所以，電磁波惱人的地方就在這裡，什麼都接收得到。

軸子探索實驗「CARRACK」

各位可能會想，既然如此，就做個鐵的遮蔽體把它圍起來，阻止外界電磁波進入不就行了嗎？的確，這種方法可以防止外界的電磁波進入。

可是，有一種黑體輻射的現象——上一章中也提過（167頁）。不論什麼物質，只要具有**某種溫度**，就一定會放出電磁波。溫度升到極高時，像電燈那樣會放出可見光。溫度低時會放出紅外線或電波等能量低的光。

總而言之，實驗裝置本身就會成為發出電磁波的雜訊來源。實驗裝置本身放出的電磁波（雜訊）中，會將軸子變成的電磁波（訊號）蓋住。就像文化放送電台被平壞的電台蓋台一樣……

要怎麼抑制這種雜訊呢？

唯有將實驗裝置冷卻才行。雖然實際上做不到，但不斷降低溫度，假設可以降到絕對溫度的零度（攝氏-273.15℃）的話，雜訊就會完全消失。

也就是說，這個實驗中如果想要減少雜訊，就只能降低裝置的溫度。即使用遮蔽體包覆，讓外界的雜訊不能進入，也必須降低裝置本身的溫度。

因此，製造出來的實驗裝置就是這樣（圖70）。

圖70＊CARRACK

Cosmic Axion Research with Rydberg Atoms in the Cavity in Kyoto

宇宙軸子　研究　里德伯原子　金屬桶　京都

拍到我的金髮了吧？（笑）這時候大概30歲左右。

這個搜尋實驗叫做「CARRACK」，是三桅帆船的意思。哥倫布航行橫渡大西洋時乘坐的聖瑪麗亞號就是這種船，十分有名。

這次實驗的暱稱，也像前面的「Macho」或「WIMP」一樣，硬掰了個名字，讓縮寫成為常見而且有意義的名詞。「CARRACK」也是採首字母組成（圖70☞），最後還畫蛇添足的加了「in Kyoto」，有些勉強掰出來的感覺。

「里德伯原子」這個詞，我想沒讀過凝聚體物理學的人應該都沒聽過。我簡單說明一下，里德伯原子是指繞行在原子核周圍的電子，帶著極高能量狀態（的原子）。拙著《酷斃了的實驗》當中，也正好有提到繞行原子核四周的電子得到能量之後，飛出軌道的現象。而保持在飛出的極限處——快飛出但還沒飛出的極限狀態，就是里德伯原子。實驗中要強迫的製造出這種原子。

我不太想說明這個實驗的原理，簡單介紹一下。以前說給其他的物理學者聽時，也都被嫌「太複雜！」所以，如果聽不懂的話，請不要介意。

複雜而緻密的實驗裝置

先前介紹過，將軸子置於電磁場內就會變成電磁波。因此，首先在B的空桶（用金屬做成的圓桶）產生磁場。圓桶的磁場是由周圍的超導電磁體A產生。這是高達7特斯拉的強力磁場，約是磁力貼布的60倍——這麼說好像也沒什麼了不起，但在電磁體來說，算是世界最高等級。

置於磁場中後，軸子會變成電磁波。（❶）

另一方面，將里德伯原子放進C的空桶（❷）。以雷射光照射在原子（挑選合乎想捕捉之電磁波頻率的原子，我們用的是銣），使之呈現里德伯狀態，在電離極限的狀態——電子快要飛出的極限狀態時，里德伯原子因為捕捉到軸子變化而成的電磁波，會到達極限的頂點狀態（❸）。這吸收電磁波的里德伯原子與沒有吸收的里德伯原子，狀態上僅有微小的差別（電離所需的能量有微小的差別），讓里德伯原子電離，檢測它們的差異，就能知道它有沒有捕捉到從軸子變化而成的電磁波（❹）。

圖71＊CARRACK的結構

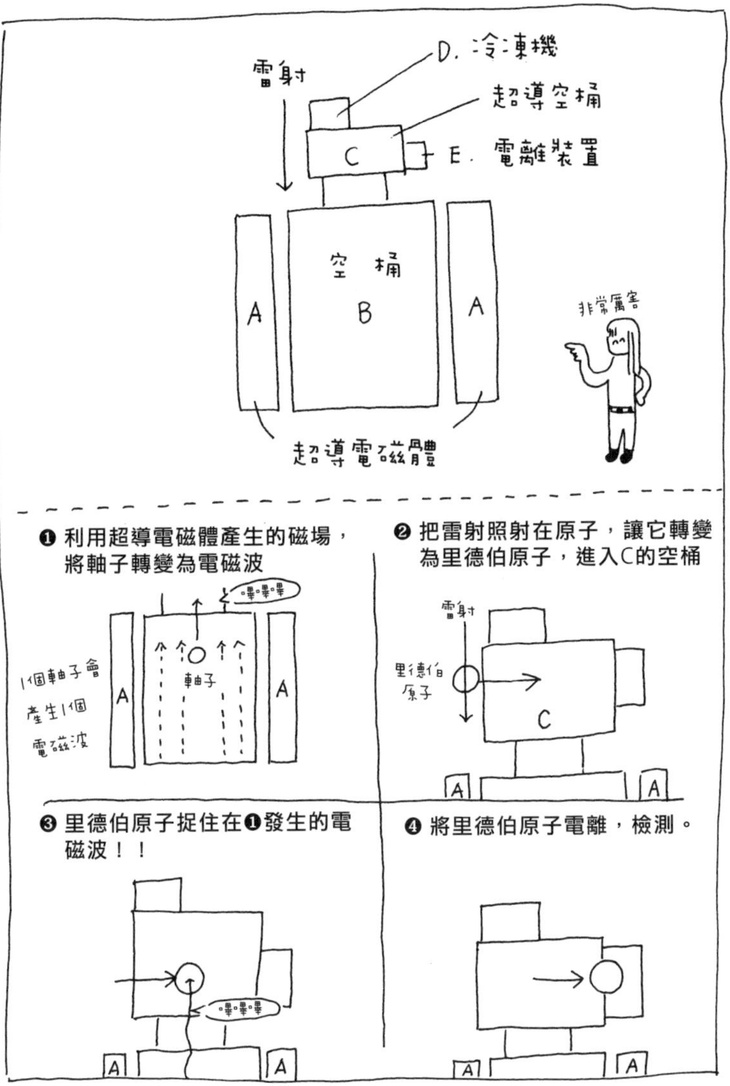
D. 冷凍機
超導空桶
E. 電離裝置
雷射
C
空桶
B
A
A
非常厲害
超導電磁體
❶ 利用超導電磁體產生的磁場，將軸子轉變為電磁波
嗶嗶嗶
1個軸子會產生1個電磁波
軸子
❷ 把雷射照射在原子，讓它轉變為里德伯原子，進入C的空桶
里德伯原子
❸ 里德伯原子捉住在❶發生的電磁波！！
❹ 將里德伯原子電離，檢測。

剛才說過「冷卻實驗裝置來抑制雜訊」，這就要用到D的冷凍機。利用D將B和C的空桶冷卻到10釐克耳文（mK，千分之一克耳文），用攝氏來說是-273.14℃。

由此可知，這個實驗裝置集合了「超導電磁體技術」、「空桶技術」、「冷凍機技術」、「雷射技術」、「製造、檢測里德伯原子技術」等各式各樣的技術，因此在這裡工作時，我學習到很多。

剛才照片中站在我身後的人叫做松木教授，他就是這個實驗的發想者，現在已經退休了，但他想出這樣的原理，製造出這麼縝密的系統，讓我真的十分欽佩。

只是這個實驗因為太過複雜，運轉得並不順利。不順利的原因是運轉時間太短了。拉長時間可以說是基本粒子實驗的重點所在，24小時不眠不休，若是可以的話，最好365天都在運轉，總之最重要的就是擷取數據，越多越好。但這裝置太複雜，不太能安定的運作。

沒有暗物質的話，也沒有星星的誕生

各別介紹過「重而冷的暗物質（WIMP）」和「輕而冷的暗物質（軸子）」的探索實驗例之後，再來談談暗物質的作用。暗物質感覺上有點邪惡，但其實，如果少了它，我們現在居住的宇宙也不會存在。

上一回，我介紹了「宇宙大尺度結構」，宇宙中的星球並不是完全均一的散布，有些地方聚集了許多星星（或匯聚了許多星系），有些地方什麼都沒有，呈現斑駁的狀態（圖44）。星星聚集的部分叫做「長城」，什麼都沒有的地方叫做「空洞」。宇宙中的物質為什麼會以這種斑駁的狀態存在呢？

如果，宇宙只靠一般物質（質子或電子等）而成立的話，宇宙應該不會是這種結構。質子和電子不但數量少，而且對很多種力產生反應，如果只有這些粒子，並不能自然的凝聚起來。要形成星球，需要凝聚材料的力量，也就是**重力**。為了凝聚或者是散布，除了一般物質（質子或電子）之外，還必須要更多更多、盡可能只對重力有反應的物質。這一點從模擬實驗就可以了解。於是，暗物質上場了。

先前展示過暗物質的分布圖（圖63）。正因為暗物質斑駁的分布，星球和星系也變得斑駁。

如果質子平均的散布，全宇宙的平均密度為1立公尺有0.2個質子的程度，就無法形成星球。正因為斑駁不均，才能形成密集的地方（星球），與空曠的地方。

所以，暗物質製造了星球那種**物質密集的狀態**，果然夠黑暗所以主宰了宇宙。

計算暗物質能形成今日宇宙的數量

近年來，電腦運算能力進步，模擬的技術也非常發達。現在的宇宙是如何創造的？現在的星系與星系團又是如何形成的？從電腦上都可以重現。從模擬中可以了解：「若是什麼種類的物質有多少數量，則宇宙會進化成何種姿態。」

把模擬結果與現在觀測宇宙的結果相互對照，我們了解到的倒不是暗物質是什麼——而是，該是什麼東西比較好？——如剛才所說，暗物質有許多候選者，熱暗物質或冷暗物質等，所以我們可以鎖定哪個候選者有多少數量比較好。

那麼，「暗物質」與「一般物質（質子等）」又是以什麼樣的比例充塞在宇宙間，才形成現在宇宙的樣貌呢？我們看看模擬的結果吧。

在今日講堂這個時間點，最確實的宇宙結構比（質量比）是，質子與其夥伴（稱為「重子」，也就是一般物質）有4％，熱暗物質——最好沒有，熱暗物質太多的話，模擬出來會與現在的宇宙狀態發生矛盾。

然後是冷暗物質，它有23％。依這個比例，可以說明現今狀態的宇宙。這個比例如果亂掉，宇宙就會呈現截然不同的樣貌，所以規定得很嚴格。

可是光是這些，還沒到100％哦。

「100％」代表什麼意思呢？就是上回說過的「宇宙臨界密度」——形成現在觀測的平坦宇宙剛好需要的質量。要有100％才剛剛好，那麼剩餘的73％，必須有某個——某種質量存在，否則就會矛盾。理論科學家討厭矛盾，所以他們用某種

圖72＊暗物質擔任的角色

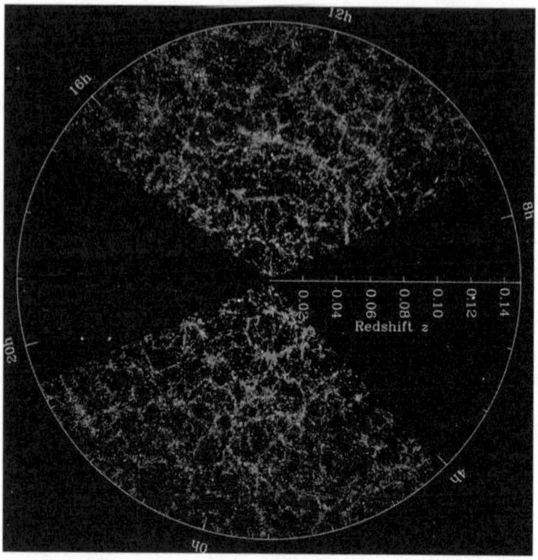

沒有暗物質的話，
將不會有現在物質
疏密分布的宇宙樣貌。
那麼，暗物質該存在多少量，
才會形成現在的宇宙呢？

最新的模擬(Λ－CDM模型)

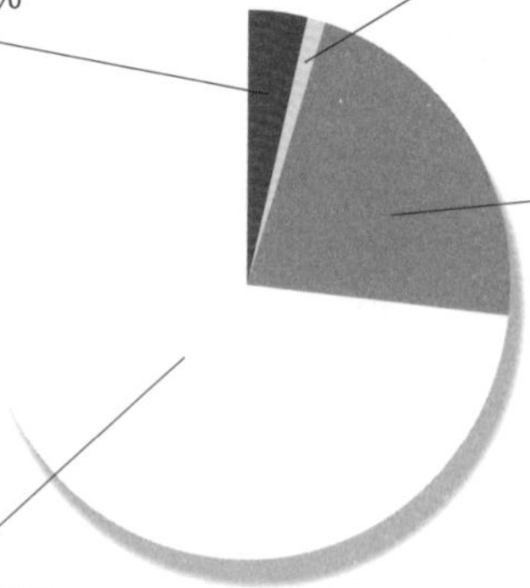

形式為剩餘的73%找理由。

他們想到的理由是——

「暗能量。」

很詭異吧。老實說，這個玩意兒還真的是詭異得不得了。

真正暗黑的暗能量

如前面所說，暗物質有候選名單。雖然還沒有確定，但已經鎖定了名單，實際在進行探索實驗了。儘管「黑暗」但相當逼近它的真實身分。一般認為在不久的將來就能揭開它的真面目。

但至於暗能量，根本連候選者都找不到，給人「沒答案無法交代隨便填一個吧」之感。

我還在念研究所的時候，偉大的宇宙論學者邁克．透納寫過一篇論文提到「宇宙的結構比是固定的」。當時，他認為一般物質在1%以下，冷暗物質有35%，暗能量有65%。不過，經過10年之後已經改變了（笑）。所以這個數值還會變動。

因此，雖然前面鉅細靡遺的解釋了半天，結論卻是「宇宙的大部分都是來路不明的物質」。

我們知曉的部分，只有宇宙的4%程度。可以推測「可能是這樣」的領域有23%，其他的4分之3都只能說是不明所以的某物。宇宙真的非常暗黑。

這裡介紹的宇宙結構比模型，叫做「Λ－CDM模型」（圖72☞）——Λ是希臘字，CDM是「冷暗物質」（Cold Dark Matter）的縮寫。根據這個模型，我們發現最好不要有熱暗物質，宇宙形成之後，都是冷物質比較好，所以是CDM。那麼Λ是什麼意思呢？它指的是「暗能量」，總的來說就是「暗能量」

愛因斯坦方程式

$$G_{\mu\nu} + \Lambda g_{\mu\nu} = \frac{8\pi G}{c^4} T_{\mu\nu}$$

空間的彎曲　宇宙常數　質量・能量

與「冷暗物質」複合模型的意思。

這個Λ，是不是在哪裡見過啊？

上面是我們說過很多次的一般相對論愛因斯坦方程式，用以表示某個質量會造成空間多少彎曲的現象。仔細看看，正中央也有個Λ呢。各位記得，這個Λ是什麼嗎？

這就是愛因斯坦無法容忍「宇宙在膨脹、在運動」，一怒之下加入的宇宙常數。

愛因斯坦以為，宇宙應該是處在安定狀態，但是如果宇宙只由重力主宰的話，漸漸的，一切物質都會被重力拉引而凝聚在一處……這有點不妙，那就加進「宇宙常數」的斥力（反抗力），這樣宇宙就會安定下來吧。但後來他十分後悔，說這是他「人生最大的失敗」……故事大致是這樣。

現在人們明白，宇宙其實並不安定，還在不斷膨脹中，所以不必加入宇宙常數。所以，大家在使用愛因斯坦方程式時，都把宇宙常數當作沒看見。

但是，正如剛才說過的，按照最新觀測與模擬的結果，宇宙有4分之3的成分，是神祕的能量。

也就是說，愛因斯坦加入的這個「宇宙常數」……會不會就是「暗能量」呢？這麼一想的話，整個邏輯就通了。愛因斯坦死去歷經數十年，世界來到21世紀時，這個「宇宙常數」華麗的復活了。愛因斯坦泉下有知，應該會熱淚盈眶吧。

不過，若是有人問：「宇宙常數到底是什麼名堂？」我們也答不出來。它只是單純算式上出現的值，只是如果它存在的話，宇宙論就可以完美成立，可以建立與現今宇宙分毫不差的宇宙。

結果，宇宙有4分之3身分不詳的東西。它是什麼？不知道。是個哀傷的結局。請各位理解，宇宙論就是這麼回事。

今天的總結：

各位朋友，不要事事鑽牛角尖，活得更開闊隨意一點吧！ｂ（*ﾟ∀ﾟ*）

如果因為煩惱暗能量是什麼而睡不好覺的話，可是會睡眠不足哦。

下一回，我想運用先前傳授給各位的知識，一起想想「宇宙是怎麼誕生的」，探究宇宙誕生之謎。人類對宇宙到底了解了多少？有什麼還不懂的部分？以這個思索作為這一系列宇宙演講的總結。

專題III

從粒子物理學
思考暗物質的面貌

宇宙間充塞著什麼東西？暗物質的真面目是什麼？

為了思考這個問題，我們必須了解「這個世上歸根究柢有哪些物質存在？」了解之後，才能推測各物質的量，進而討論「○○能夠成為暗物質嗎？」「它的數量大到可以充滿整個宇宙嗎？」

因此，我們這次稍微跳出宇宙的主題，來談談粒子物理學的主角——世上存在著什麼樣的物質（粒子）。

不可能再切分的19種基本粒子

粒子物理學，就是研究這世上最小物質的一門學問。存在於現在宇宙所有物質的「基本」粒子是什麼？粒子物理學的歷史，就是孜孜懇懇地追尋它的過程。

在19世紀以前，人們都以為原子就是基本粒子。但是進入20世紀，人們發現原子內部有原子核，進而開發了加速器的裝置，運用它可將原子核切分開來。

於是除了以往熟知的質子或電子等粒子之外，從來沒見過的各種粒子陸續出籠了。當時，學者們無不歡欣鼓舞的認為：「這就是基本粒子，世界萬物的最基本粒子！」但是那些粒子一再的被發現（種類超過了100種……），眾人開始質疑，「種類超過100種的粒子，應該不是什麼**基本**粒子吧?!」最後歸納出的結論是，還有更「基本」的粒子組成這些粒子。經由它們的組合，才形成了這超過100種的粒子。

由於原子（原子核）的種類有103種左右，它們都是由質子與中子組合而形成的。所以，學者們想到，這100種以上的粒子，應該也是某種基本物質組合出來的吧。追根究底的結果，終於發現了夸克。

物理學家建立新理論，再經由實驗，驗證理論是否正確，再三反覆這些步驟，將物質的「基本」粒子範圍縮小。例如，利用加速器，大量製造π介子，檢驗它衰變的狀態，找出組成π介子的基本粒子是什麼。由於無法取出單一夸克，所以必須檢驗包含它的粒子的衰變狀態。

於是現在找到的最終基本粒子，內容如下（圖Ⅲ-1）。

・構成物質的粒子 12種
・傳遞力的粒子 6種
・給予質量的粒子 1種

目前，還沒有找到這些粒子的「內部」——也就是構成這些粒子的更小粒子。一般認為人類終於找到了物質的「基本」狀態。

同時，科學家也開始研究這世上存在的「力」，整理出重力、弱作用力、電磁力、強作用力等4種。

「傳遞力」是什麼意思呢，就是互相傳遞力的兩者之間來回投接媒介粒子的狀態。不同的力有不同的媒介粒子。

像這樣將找到的基本粒子世界描述出來的理論體系，叫做「標準模型」。

圖III-1＊標準模型的基本粒子

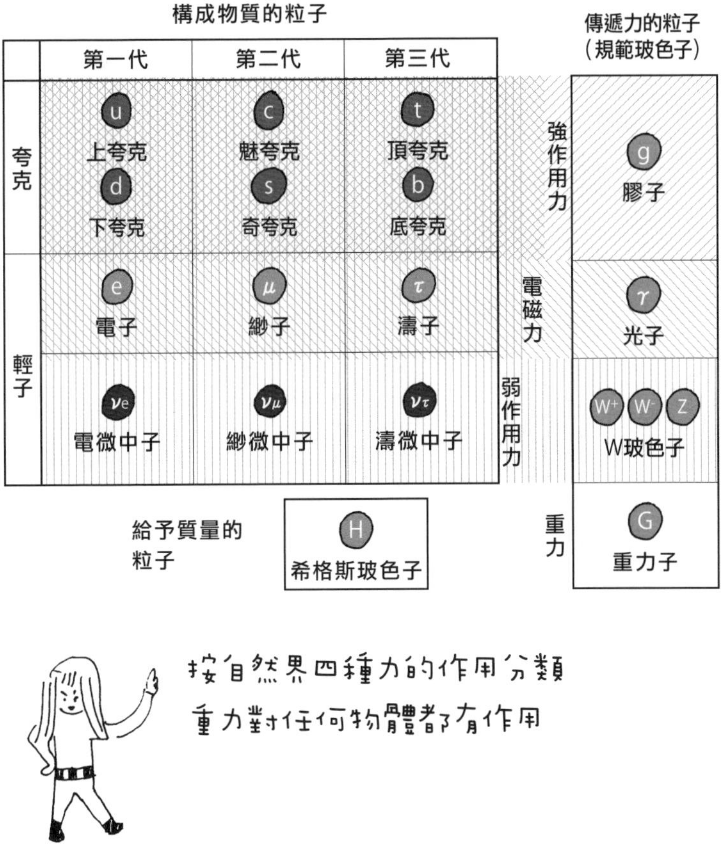
構成物質的粒子
傳遞力的粒子
(規範玻色子)
第一代
第二代
第三代
夸克
u
上夸克
d
下夸克
c
魅夸克
s
奇夸克
t
頂夸克
b
底夸克
強作用力
g
膠子
輕子
e
電子
μ
緲子
τ
濤子
電磁力
γ
光子
νe
電微中子
νμ
緲微中子
ντ
濤微中子
弱作用力
W+
W-
Z
W玻色子
給予質量的粒子
H
希格斯玻色子
重力
G
重力子
按自然界四種力的作用分類
重力對任何物體都有作用

什麼是標準模型？

標準模型並不是某一個人提出的一個理論（例如愛因斯坦提出相對論等），而是至今為止的物理學家求得自然界應該遵從的基本法則，建構而成的各式理論綜合體。

這個標準模型是個非常了不起的理論體系，足以說明自然界幾乎所有發生的現象。但是到現在，它已經無法完全說明一切，而且還有尚未發現的基本粒子（重力子）。從這層意義來說，它可以算是未完成的理論。當然，大家也充分了解這一點，今後也將藉由許多研究，將它補齊，使它能更趨於完美。

以往，理論物理學家提出種種「靈感」或是「也許可能有這麼個東西」的發想（理論），其他的學者又從中取可能性高的論點，進行驗證，丟棄或修正有問題的想法，將驗證成功的理論納入……周而復始的進行這些步驟，所以，直到現在也還有好多好多「待驗證」、「待納入標準模型體系內」的理論或想法。

而且其中，除了現在標準模型必備的前述基本粒子之外，也還要再進一步增加新的基本粒子。這個說明自然根源的理論，本應以最低限度的**基本粒子**來記述，結果**基本**粒子卻不斷增多，真令人哭笑不得。（笑）

玻色子與費米子

在說「新基本粒子之前」，先讓各位了解一件事。

前面標準模型的基本粒子，按功能分成「構成物質的粒子」、「傳遞力的粒子」與「給予質量的粒子」等三組，但還可以有另一種分組法。那是用「自旋」的物理量來分組。

自旋，是粒子本身的角動量。這裡請姑且想像高速自轉的狀態。因為是自轉，所以會有方向和大小。

方向是指面對粒子前進方向的左自旋還是右自旋。

大小不能取自由的值，而是取不連續的**某個固定的值**。

至於是什麼樣的值呢。物理學的基本常數中有個「普朗克常數」——h（~6.6×10^{-34} Js），這個普朗克常數除以2π所得的值h／2π＝ℏ作為基本單位，取該數值$\frac{1}{2}$的整數倍（0、$\frac{1}{2}\hbar$、ℏ、$\frac{3}{2}\hbar$、2ℏ……）值。文字解說也許難以理解，請看次頁圖（圖III-2），基本粒子自轉的大小，就是取不連續的值。

於是，自旋大小為ℏ整數倍（0、ℏ、2ℏ……）的粒子叫做「玻色子」，ℏ半整數倍（$\frac{1}{2}\hbar$、$\frac{3}{2}\hbar$……）的粒子叫做「費米子」。

按自旋的不同分組

基本粒子可按自旋的大小來分類。具有給予質量作用的希格斯粒子，自旋為0，構成物質的夸克與輕子，自旋為$\frac{1}{2}\hbar$，傳遞力的玻色子，自旋是

圖III-2＊自旋的大小

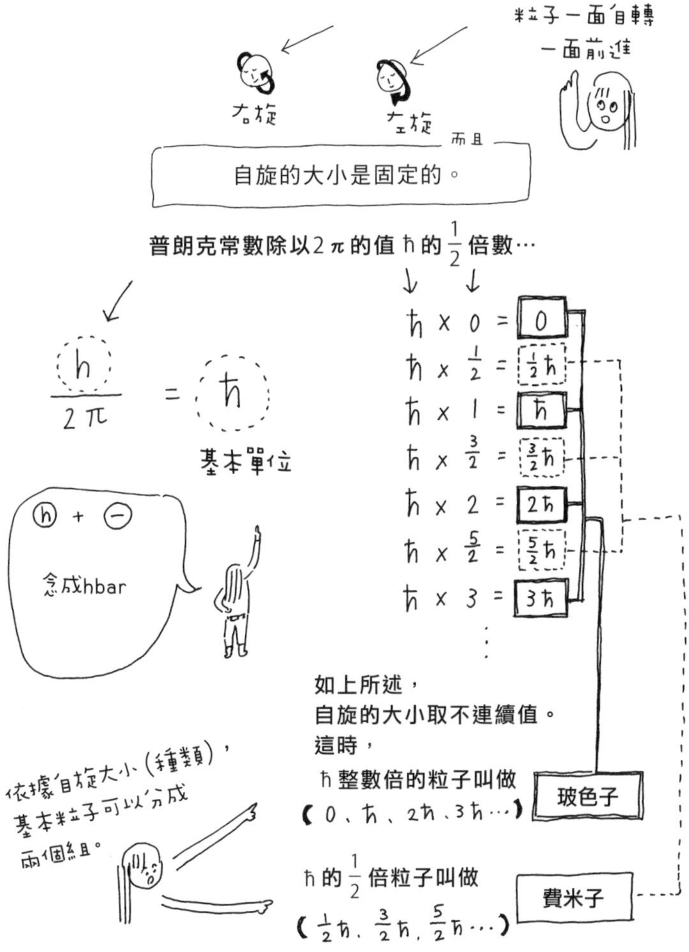
粒子一面自轉
一面前進
右旋
左旋
而且
自旋的大小是固定的。
普朗克常數除以2π的值ħ的$\frac{1}{2}$倍數…
$\frac{h}{2\pi} = \hbar$
基本單位
h + 一
念成hbar
$\hbar \times 0 = 0$
$\hbar \times \frac{1}{2} = \frac{1}{2}\hbar$
$\hbar \times 1 = \hbar$
$\hbar \times \frac{3}{2} = \frac{3}{2}\hbar$
$\hbar \times 2 = 2\hbar$
$\hbar \times \frac{5}{2} = \frac{5}{2}\hbar$
$\hbar \times 3 = 3\hbar$
如上所述，
自旋的大小取不連續值。
這時，
ħ整數倍的粒子叫做
（0、ħ、2ħ、3ħ…）
玻色子
ħ的$\frac{1}{2}$倍粒子叫做
（$\frac{1}{2}\hbar$, $\frac{3}{2}\hbar$, $\frac{5}{2}\hbar$…）
費米子
依據自旋大小（種類），
基本粒子可以分成
兩個組。

$\hbar$（但是，唯獨重力子是$2\hbar$）。（圖III-3）。

例如，電子是輕子，所以它的自旋是$\frac{1}{2}\hbar$，光子是傳遞電磁力的粒子，自旋為$\hbar$。聽到「光會自己旋轉」好像很奇妙，但是在基本粒子的世界就是如此。

超對稱理論

這裡我再介紹幾個被推舉為暗物質的基本粒子。

暗物質會是什麼樣的粒子呢（什麼樣的粒子才適合）？第三章已經說明得很清楚了。它的真實身分，非常有可能是我們不熟悉的粒子。因為，它是以前觀測不到的「暗黑」物質，所以，它的真實身分，也不應該是我們以前發現的粒子。

第一是超對稱粒子。

圖III-3＊按自旋大小區分標準模型的基本粒子……

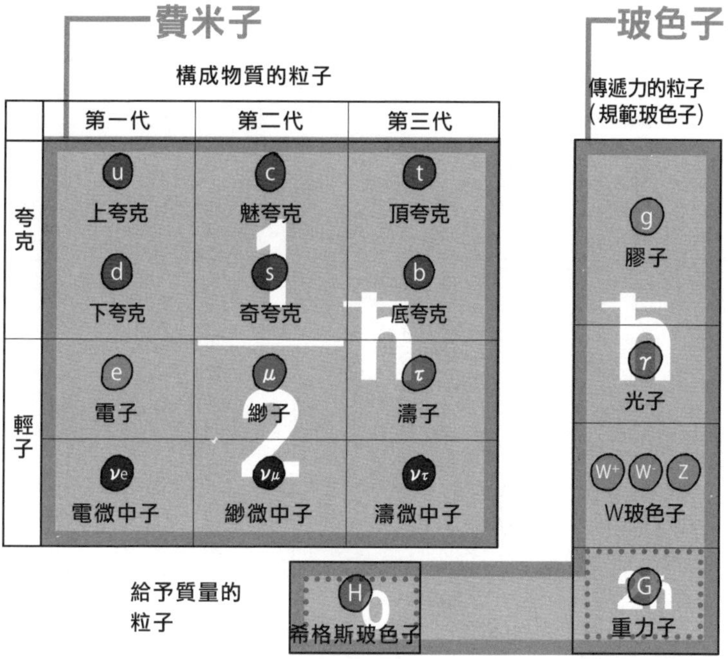

其實，據說剛才標準模型的基本粒子，全部都可能有「電荷相同，但自旋差$\frac{1}{2}\hbar$的夥伴」。那些都是「超對稱理論」預測其存在的粒子（圖Ⅲ-4）。

例如，光子的夥伴是光伴子（photino），希格斯粒子的夥伴是希格斯伴子（higgsino），重力子的夥伴是重力伴子（gravitino）等，它們的特色是名字發音走義大利風（笑）。

但是，夸克和輕子的夥伴，則是在名字前加上s，例如，電子（electron）對應超電子（selectron），微中子對應超微中子（sneutrilino）等。

自旋的量則會像是電子的量是$\frac{1}{2}\hbar$，但超電子是0，光子是$\hbar$，但光伴子是$\frac{1}{2}\hbar$，希格斯粒子是0，而希格斯伴子是1/2（圖Ⅲ-5）。

引進超對稱理論，一般認為可以完美達成「力的統一」。所謂「力的統一」理論是指重力、弱作用力、電磁力、強作用力等四種力，在宇宙初期——宇宙還處於極度高溫狀態時，是同一種力，在宇宙冷卻下來後，分裂

圖III-4＊標準模型與超對稱理論的基本粒子

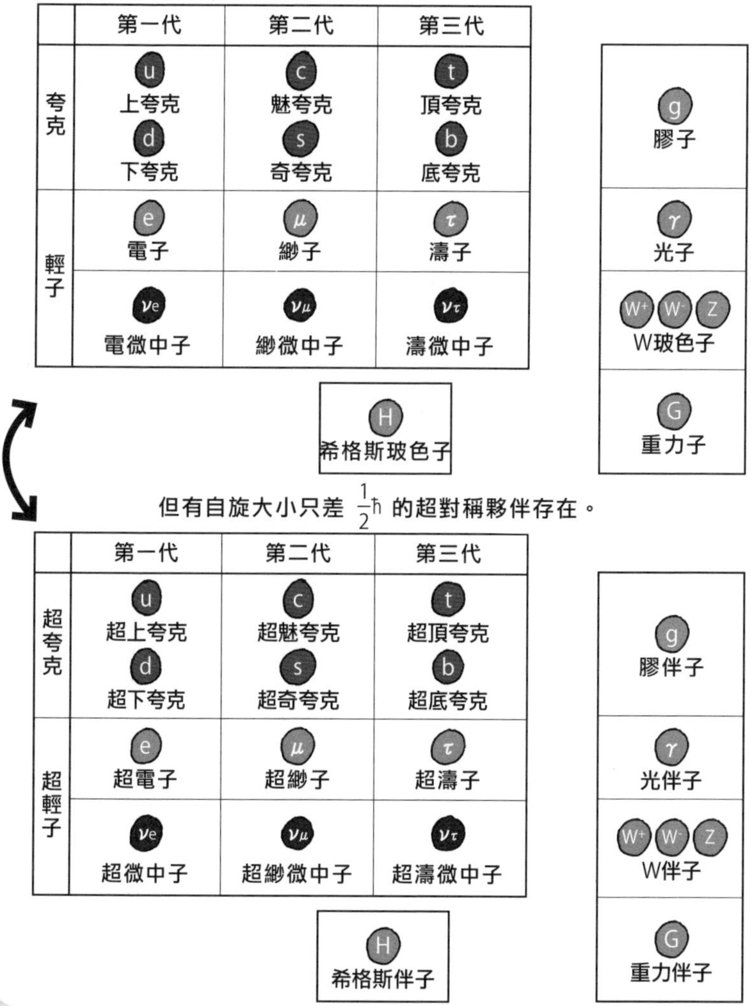
第一代
第二代
第三代
夸克
u 上夸克
d 下夸克
c 魅夸克
s 奇夸克
t 頂夸克
b 底夸克
輕子
e 電子
μ 緲子
τ 濤子
νe 電微中子
νμ 緲微中子
ντ 濤微中子
g 膠子
γ 光子
W+ W- Z W玻色子
G 重力子
H 希格斯玻色子
但有自旋大小只差 $\frac{1}{2}\hbar$ 的超對稱夥伴存在。
第一代
第二代
第三代
超夸克
u 超上夸克
d 超下夸克
c 超魅夸克
s 超奇夸克
t 超頂夸克
b 超底夸克
超輕子
e 超電子
μ 超緲子
τ 超濤子
νe 超微中子
νμ 超緲微中子
ντ 超濤微中子
g 膠伴子
γ 光伴子
W+ W- Z W伴子
G 重力伴子
H 希格斯伴子

成4種。詳細內容會在第四章時解釋。

弱作用力與電磁力曾為一體，科學家們成功製造出與當時同樣的溫度，因此在理論上與實驗上都證明，這兩種力可以統一（第四章，362頁）。因此人類正在努力於統一剩餘兩種力，不過還在半路上。學者認為超對稱理論，就是「統一四力」不可缺少的關鍵。所以，超對稱理論非常值得期待，這個理論預測的「超對稱粒子」存在的可能性也非常高。

未知的基本粒子中性伴子？

超對稱粒子中，被視為最受期待的暗物質候選者，是「中性伴子」（並不是微中子的超對稱粒子）。

這種粒子是不帶電荷的3個超對稱粒子「光伴子」、「超Z子」、「希格斯伴子」呈混合狀態的物質（如果是某帶有電荷的物質，數量大到足以成為

III-5＊標準模型與超對稱理論的費米子與玻色子

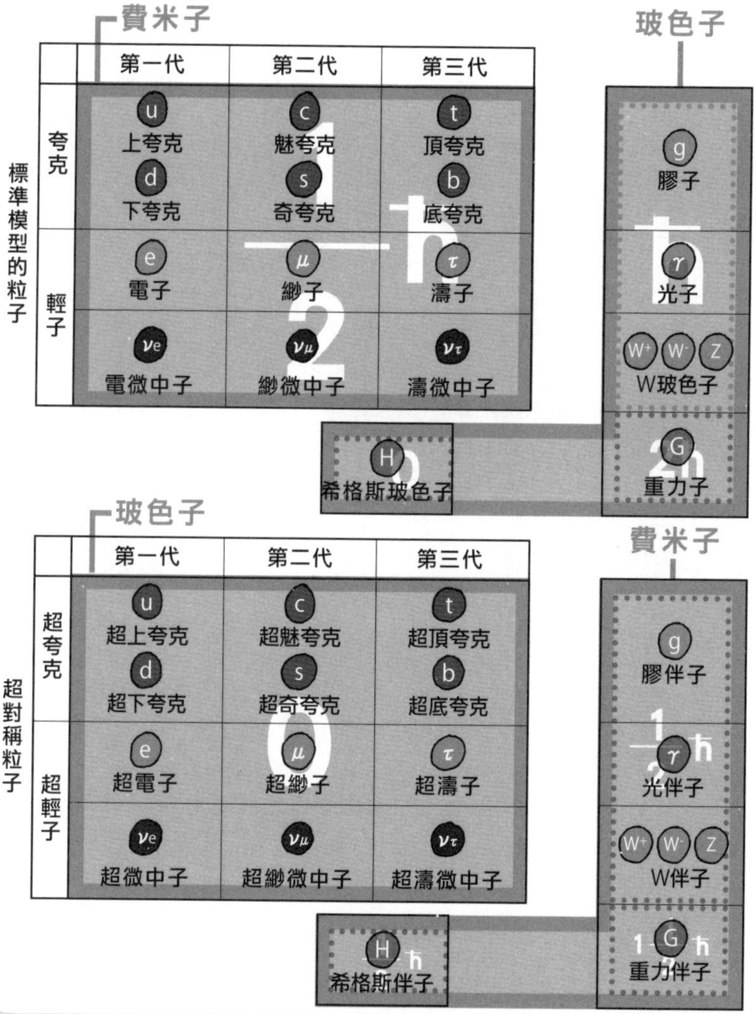

暗物質的候選者，應該已經被檢測出來了）。如第三章所說，一般認為它的質量比質子大數十倍。有人以為WIMP的原形也許就是它。

二〇一二年，CERN研究所利用LHC加速器進行實驗，由於它成為一大話題，想必大家也聽說過。他們的第一目標是發現希格斯粒子，但是第二大目標便是尋找超對稱粒子。他們準備以人工的方式製造出希格斯粒子與超對稱粒子。

CP對稱性被弱作用力打破

暗物質的第二名候選者，是軸子。

在說明軸子之前，我稍稍岔開主題，簡單的說明一下「對稱性」。第一章中，我介紹過「粒子」與「反粒子」，兩者只有電荷互異，其他性質完全相同（圖1）。

這時候你可以把粒子變成反粒子的作用過程，想成是置換了粒子的電荷，讓電荷反轉而已。我們把這個作用取電荷的字首（Charge）叫它「C反轉」。

假設，這個粒子與反粒子壽命完全相同，而且同樣衰變。

而衰變的過程破壞粒子的力是弱作用力，所以，在這種狀況下：

弱作用力發生作用與「C反轉」就稱為具有對稱性。

相反的，如果這個粒子與反粒子的壽命長短不同，衰變的方式也不同——例如，粒子衰變變成2個，反粒子衰變卻變成3個，雖然很少見，但這個時候：

則稱弱作用力與「C反轉」並不對稱（＝C對稱被破壞）。

也就是說某種力沒有同樣的運作。而且實際從實驗中也發現C對稱被破壞。

除了C以外，也會發生「反轉」。其中之一是宇稱（Parity）的反轉，簡稱為「P反轉」。

P反轉是空間座標反轉的意思。什麼意思呢？例如，自旋方向左轉的粒子變換成右轉（正確的說，不該叫做「左轉或右轉」，而是「左旋或右旋」——面對運動方向的「左或右」，會隨觀測者的相對速度而改變——所以必須考慮到不因前者而改變的「手徵性」的量，但這麼說太長了，這裡省略，把重點單純放在主題上）。

和「C反轉」時一樣，左旋的粒子與右旋粒子受到作用時會發生不一樣後果的話——例如，以弱作用力來說，衰變方式不同的話，就稱「P對稱被破壞」。

這兩個反轉組合起來，叫做「CP反轉」。

它的意思是「C反轉」和「P反轉」同時進行，仿前面的例子來說，相當於左旋粒子，與右旋反粒子的關係。

圖III-6＊C反轉、P反轉、CP反轉

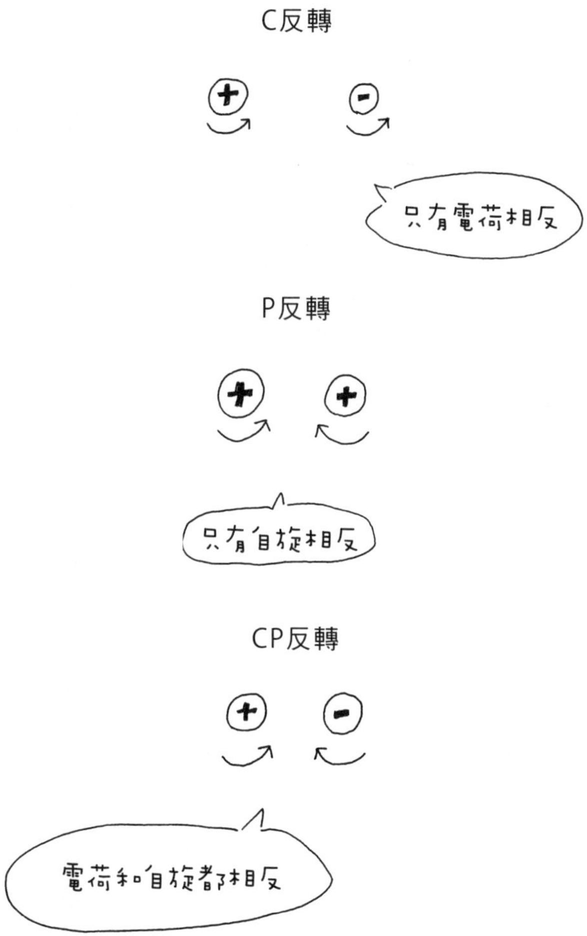

問題在於兩種粒子是否做出相同的動作，但在弱作用力下，極稀有的會破壞「CP對稱性」。

一九六四年的實驗中觀測到這種現象，但以以往的標準模型，並不能說明這個現象發生的原因。直到一九七三年小林·益川理論提出，並於二〇〇八年獲得諾貝爾物理獎，在理論上解決了這個問題。標準模型於是納入了小林·益川理論，解釋了這種現象。

CP對稱靠強作用力守恆

CP對稱雖然在弱作用力下被破壞，但另一方面，強作用力下，CP對稱卻以驚人的精確度守恆。解釋強作用力的運作的「量子色動力學」中，並沒有特別提到對稱的原因——CP對稱「破壞程度」，以θ的量來表示。但這個θ在量子色動力學上不論取什麼值都沒有關係——儘管如此，還是以驚人的準確度，θ=0。

圖III-7＊CP對稱性的破壞

CP反轉粒子的動作是否相同？

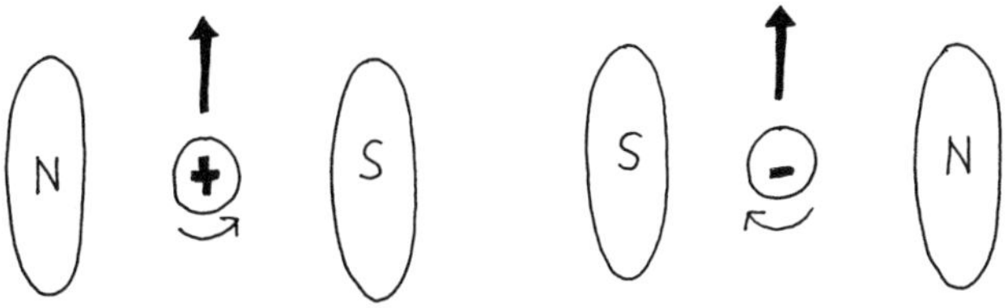

若是電磁力的話，便看它在磁場中的動作是否相同。

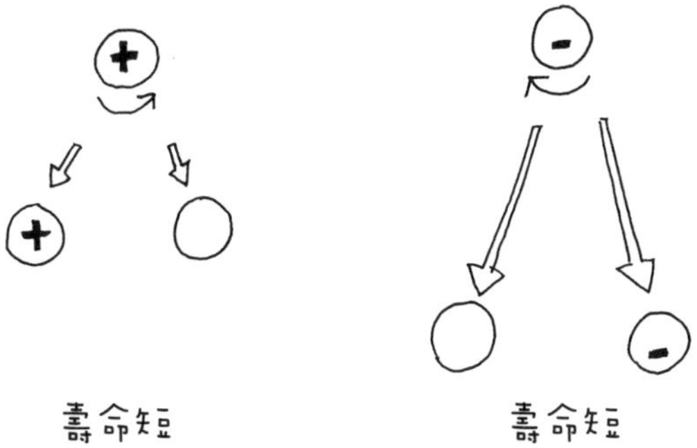

若是弱作用力（破壞粒子的作用力），
就看它衰變為其他粒子的「壽命」。
如果一樣，就表示CP對稱性有保存。
若是不同，對稱性就被破壞！

第二章在介紹大霹靂理論和暴脹原理時也曾經說過，物理學家無法接受毫無理由，「只是剛好這樣」的結果。我們認為不論什麼事物，都一定有一個形成的機制。那時候想出暴脹理論，也是一種讓「宇宙的密度」與「臨界密度」一致的機制。

而CP對稱在強作用力下嚴格守恆的問題，後來也有人想出了成立的理論。它叫做「皮塞－奎恩理論」（Peccei-Quinn theory），是由科學家羅貝多．丹尼爾．皮塞與海倫．羅達．奎恩想出來的。

該理論雖然以θ自動等於0解決了這個問題，但產生了軸子這種副產物。而從計算中得出宇宙初期，應該製造出難以計數的數量。如果能滿足一定的條件（質量、數量等），它就可以成為暗物質的候選者。

皮塞－奎恩理論的撞球台

皮塞－奎恩理論中，有關θ自動等於0的機制，有個非常成功的比喻，而且十分有趣，我想在這裡介紹一下。它叫做撞球台類比。

撞球台如果傾斜，球就會任意亂滾，所以必須保持極精確的水平才行。這個比喻就是在說，它是如何保持精確的水平呢？

宇宙就像一張高精準的撞球台，完全水平，一點也沒有斜度，左右完全對稱的狀態。這意味著CP對稱在強作用力下守恆。傾斜的角度是剛才說過的θ值——θ平常用於表示角度——小於10^{-9}的角度，接近完全水平。「究竟是誰把撞球台放在這樣的水平上？」

這個理論是這麼說明的。撞球台原本並沒有固定，它有個支點，下面掛著鐘擺，整個台子在旋轉。但經過一段時間後，它會像振子一樣，自動到達水平——**維持水平固定**十分困難，但讓它自動擺動，應該就會自己回到水平。宇宙會不會也是這種機制呢？

宇宙的構造是加了振子的撞球台，還是固定的撞球台？從觀測撞球台的「搖擺」就可以知道。如果是軸導致的任意擺動，它會自動變得筆直對稱，但如果只是輕輕碰它，它就會搖擺。

這個「搖擺」指的是軸子。檢驗的方法，就是軸子的探索實驗。若能找到軸子，撞球台便是振子。

那麼軸子（搖擺）要怎麼找呢？

一個方法是，試著搖晃撞球台。實際打個撞球看看，如果是個搖擺不穩的台子，只是擊中球，台子就會開始晃動。一旦搖晃，就知道它是不穩的台子，不搖晃就是固定的台子。

這個「撞球測試」，即人工搖動的動作，就是以加速器進行人造軸子的實驗。

但是，在過去嘗試過的實驗中，一個軸子也沒找到。加速器並沒有製造出軸子來。如果照撞球台類比中所說，這個撞球台在一支非常長的懸臂下，掛著非常重的秤錘，所以無法用加速器搖動。

現在，學者認為很有希望成為暗物質候選的軸子，質量非常輕，應該只

圖III-8＊皮塞－奎恩理論

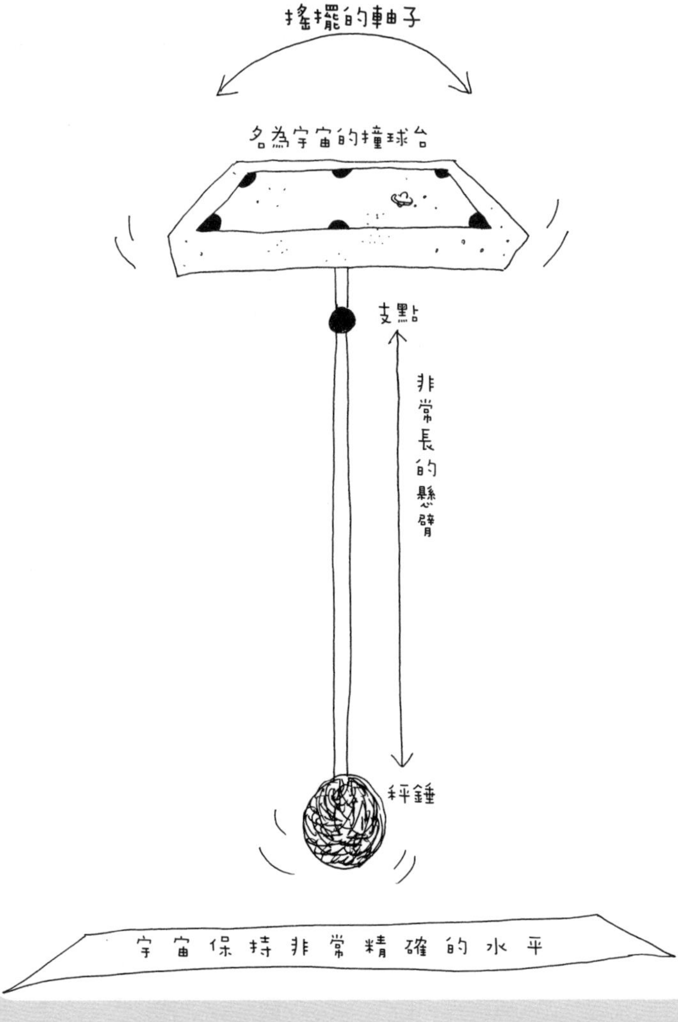

有質子的100兆分之1，但數量多得驚人，所以可以成為暗物質的候選。

人工無法搖動它的話，還有什麼其他辦法可以找到它嗎？

最初放置撞球台時的「搖擺」

想想最初放置這張台子時（也就是強作用力發生時）的狀況。那時候，不論如何小心的擺，它應該都會有點搖動。而且，如果這張台的構造，有一支非常長的懸臂和非常重的秤錘的話，現在搖晃應該還沒有停，如今都應該還能觀測到宇宙初期產生的搖擺。

觀測宇宙初期產生的「搖擺」實驗，就是第三章說過的暗物質軸子的探索實驗。但不是用加速器人造軸子，而是捕捉天然的軸子。

我第一次聽到撞球台的比喻時，十分佩服，覺得這比喻真是太精妙了，但是跟一般人說起時，聽到的回答大多是「蛤？」（笑）。

由於「搖擺」太小了，所以軸子尚未找到。但不久的將來，也許就能發現。我認為，軸子絕對是存在的，只是人類能不能找到還很難說……就像是外星人是存在的，但我們看不到一樣。外星人一定有，只是可以想見的是，他們離我們太遠，根本不可能與他們相會。

學者們認為，只有超對稱理論或皮塞－奎恩理論導出的未知粒子，才正是暗物質的候選者。雖然還沒能發現它們，然而一旦發現的話，應該會成為發現希格斯粒子那樣的大新聞，所以就讓我們靜待佳音吧。

第四章

然後宇宙創造了

用想像力和技術到達的世界

今天是宇宙系列演講的最後一回。這一次我想根據前三回的內容，來談談宇宙的初始。

如果之前我說的話，你們都有聽進去的話，今天的內容應該很容易了解。還有一點希望你們都牢記在心的常識，第二回「大霹靂」的段落，我說過「溫度就是能量的密度」這句話。宇宙原本很小很小，所有物質都集中在小小的範疇中。所以，當時的溫度很高吧（圖29）。上次我只是輕描淡寫的帶過，今天我要再次說明它的意義。

溫度是什麼？

首先，若有人問各位「溫度是什麼？」的話，你們都能正確回答了嗎？這在高中的物理課有教過。不過最近物理已經不是必修課，可能很多朋友並不知道。

例如，假設某個空間有粒子在飄浮。粒子的名字裡有個「子」，所以它就像小孩子一樣，活蹦亂跳，靜不下來。

因為到處跳來跳去，各有各的速度。每種粒子的速度不相同。有的小孩活力充沛的亂跑亂撞，也有些孩子比較沒勁，高低不同。把這些高低的差距全部平均的平均值，就是溫度。粒子運動速度（能量）的平均值。

假如我們拿走粒子的能量……撞他一下，消耗孩子的體力，漸漸他就不太能動了（笑），溫度就會下降。這就是「冷卻」的行為。讓躁動的粒子鎮定下來。

校外教學的滑雪和學生的能量

對了，大家高中時候的校外教學去哪裡玩？我對秋天去北海道一點興趣都沒有。不過兩年之後，我的高中換了地點，不再去那種觀光名勝，變成了滑雪。不知道現在怎麼樣。

滑雪不算校外教學吧？又沒教也沒學的。但是老師選擇滑雪，是因為對他們有兩大好處。

一個是管理學生比較輕鬆。只要把大家載到滑雪場，學生們既不會逃走，把人交給教練，讓他們一直滑就好了。

第二點很重要。學生白天卯勁的滑，到了晚上自然倒頭就睡。說到校外遠足的晚上，最大的樂趣就是不睡覺去夜遊，或是跑去女生房間，偷看女生洗澡等。但滑雪奪走了他們幹壞事的精力，奪走了能量。然後老師們就可以安心，自己跑去玩了。

白天滑雪累癱了的學生，到了晚上就上床睡覺。同樣的事也發生在粒子身上。他們失去衝來撞去的精力，便聚集在一個地方，安靜下來（圖73）。

以水來說，水蒸氣溫度高，呈現飛來飛去的狀態。但是，冬天的窗面經常會凝成水滴吧。那就是室內的水蒸氣遇到冰冷的窗，冷卻，凝固的狀態。水蒸氣的能量被搶走，無精打采的狀態就是結露（水）。

只不過，無精打采並不表示靜止。這一點請特別注意。它只是待在同一個地方運動，就像是夜裡躺在床上，還在動來動去一樣。水蒸氣雖然不能自由跑跳，但它會以附著窗上的狀態運動。

圖73＊粒子的能量一旦變慢……

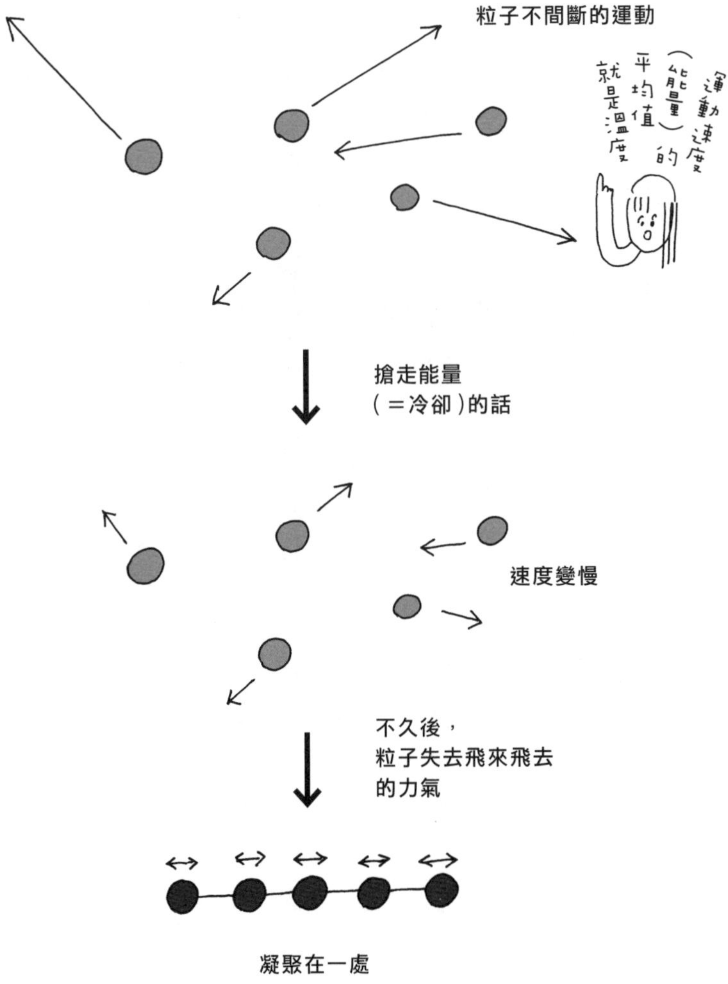
粒子不間斷的運動
運動速度（能量）的平均值就是溫度
搶走能量
（＝冷卻）的話
速度變慢
不久後，
粒子失去飛來飛去
的力氣
凝聚在一處

相變——物質的面貌改變了

剛才舉的例子是水（分子），但這個模式在更小的階層也適用。例如，溫度在更高的狀態下，（構成原子的）電子與質子（原子核），可以像水蒸氣一樣，自由的飛來飛去。但是，如果把它們的能量拿走（使之冷卻），電子和質子就會黏在一起。就像水分子貼在窗面上，飛舞的電子會與質子黏住（電子被質子捉住），電子便迴旋在質子（原子核）四周，無法自由的四處亂跑，它也就變成原子（圖74☞）。

在更小的階層也一樣。

形成質子的夸克，在極高的溫度狀態，就能自由自在的四處遊走。但是溫度一下降，它們就會黏合，封閉在質子之中（圖74☞）。像這種樣子凝集在一處。凝集的瞬間，在物理學中叫做「相變」。「相」（＝狀態）改變的意思。

如果是水的話，它會從自由遊走的「水蒸氣」狀態，變成「水」，這是第一次相變。「水」再進一步冷卻的話，就會更加凝結，變成了「冰」，這是第二次

圖74＊相變

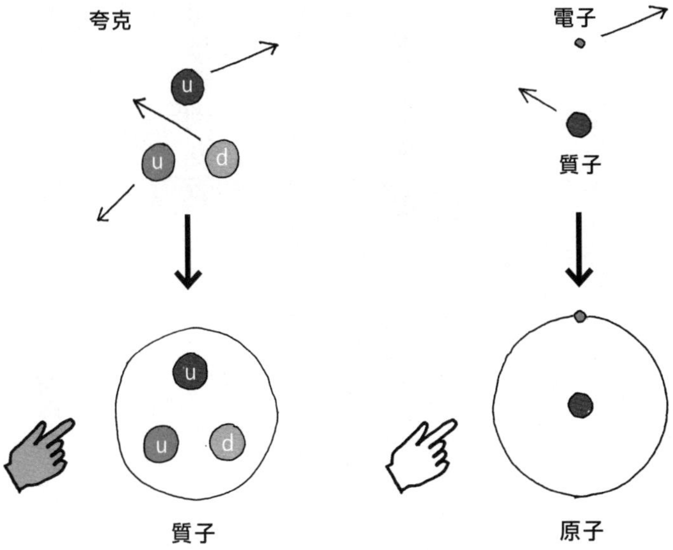

相變。水的相變會有兩次。相變在物質的許多階層都能符合，這一點請各位牢記在心。

加溫的話，可以看到過去

好，說完了「相變」，接下來要來談談今天的主題——宇宙的初始。

宇宙從前是什麼模樣呢？若是能坐上時光機回到過去，就可以了解，可惜目前做不到。但是我們可以製造模擬的時光機。請回想一下第二章的內容，宇宙正在膨脹。膨脹的意思就是，若是回溯時間，宇宙應該會收縮。收縮，也就是壓縮。如果我們壓縮宇宙——會變成什麼樣子呢？我想從剛才的溫度解說就可以明白，總而言之就是變熱。既然宇宙膨脹之後，能量密度降低，變冷，所以如果反其道而行，把溫度升高，就會形成從前的狀態了吧？這樣不就能模擬時光回溯了嗎？

「那麼就把全宇宙的溫度增溫看看。」——這種事當然做不到，所以，科學家就以實驗室可以做得到的規格，進行加溫實驗。

說得簡單點，把我手邊這只杯子放進爐子裡加溫也可以。可是這麼做，不太能增溫到什麼程度，最多大概只有幾千度吧。可是若想回到宇宙的初始階段，必須更熱得多。

剛才說過，「溫度」就是粒子的速度（能量）。所以，除了在爐中加熱之外，將這只杯子變成粉碎的粒子狀態之後，再給它速度就可以了。「給它能量」＝「給它速度」，給粒子速度的裝置，就是加速器。

LHC成立的時候，對大眾公開的宣傳文字寫道：「將可重現大霹靂！」第一章中也說到，有人提起訴訟，認為「這麼做會造成黑洞」，不過同樣都是投大眾所好的誇大言詞。它所能做的，就是重現宇宙最初狀態的溫度。

所謂大霹靂是指，物質極度密集，溫度高到極致的狀態。所以，機構宣稱「重現大霹靂」，便是將物質（粒子）處於極度高溫的狀態。至於有多高溫呢？我來說明一下。

這是宇宙的年表（圖75）。最上方是宇宙的開始，時間往下流動。最下面是現在。時間和那時的溫度以對數來表示。「對數」是指數字上方的小數字，是幾次方的意思。以對數為縱軸，排列出來，就成了這張年表。如果不是對數，今天的主題可就說不完了。

看這宇宙的年表，你會發現「恆星形成」或「星系誕生」都是極近期的事，根本不是宇宙剛形成時誕生的。

我等會兒想要解說的「宇宙之始」，遠比星球或星系出現早得多。現在空白的位置，待會兒會慢慢填滿。在恆星誕生之前，宇宙間到底發生了什麼事呢？

回溯的方法有兩個，一個是理論性的提高溫度。這很簡單，只要在公式上一一把數字置換進去，計算一下就出來了。理論家都是用這種方法做出細密的計算，把時間往前倒推回去。另一個方法是運用實驗裝置，實際的增溫測試。例如，利用加速器將粒子的速度升到極快，瞬間製造出高溫狀態。

圖75＊宇宙的年表

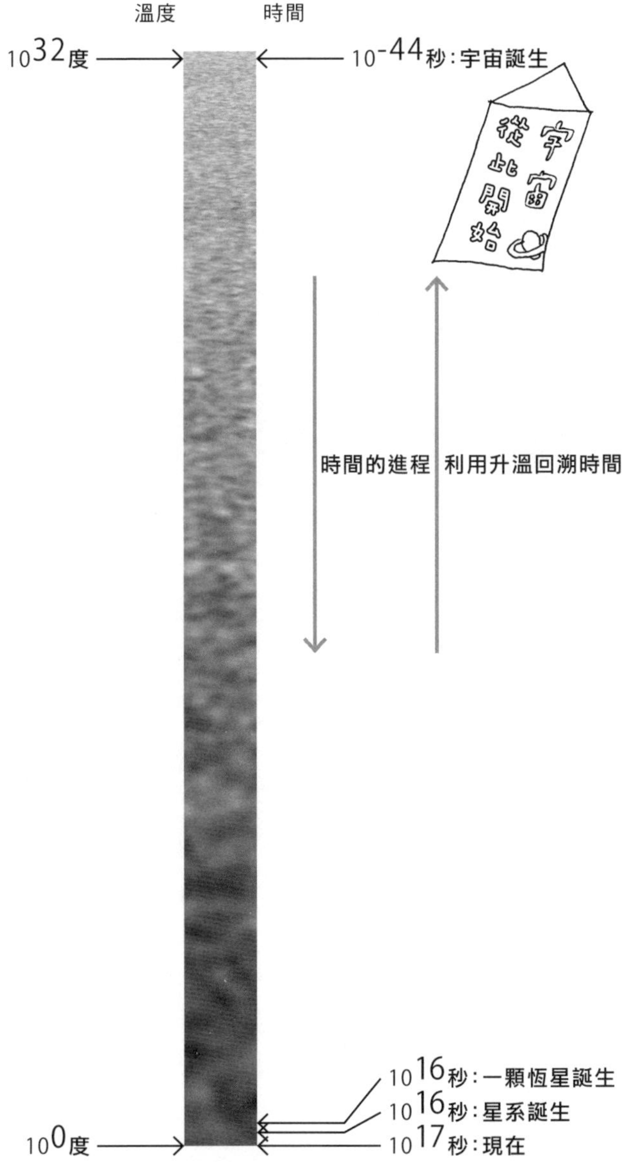
溫度
時間
10^{32}度
10^{-44}秒：宇宙誕生
宇宙從此開始
時間的進程
利用升溫回溯時間
10^{16}秒：一顆恆星誕生
10^{16}秒：星系誕生
10^{0}度
10^{17}秒：現在

那麼，人類史上最大的加速器LHC實際上到底可以加溫到幾度呢？答案就在次頁圖的正中央——10^{17}度。將它還原成時間的話，是10^{-14}秒後（圖76☞），實驗性的可以回溯到宇宙誕生的100兆分之1秒後的狀態。很厲害吧。

10^{12}為「兆」，10^{16}為「京」，10^{17}度就是10京。加速器可以加溫到這種溫度狀態。

對了，各位知道傑頓嗎，就是在《超人力霸王》裡出現的怪獸。傑頓打倒超人力霸王時的火焰溫度，據稱是1兆度（圖76☞）。很驚人對吧。而且，LHC是21世紀的技術，傑頓可是20世紀五、六〇年代的故事哦。我還想過，如果傑頓贏過LHC的話該怎麼辦（笑）。還好，LHC贏了。這也算是從20世紀以來的進步吧，提高了5位數。

10^{13}秒後——原子核捕捉到電子

那麼，我們按時間的順序倒回去看吧。

圖76＊LHC與傑頓

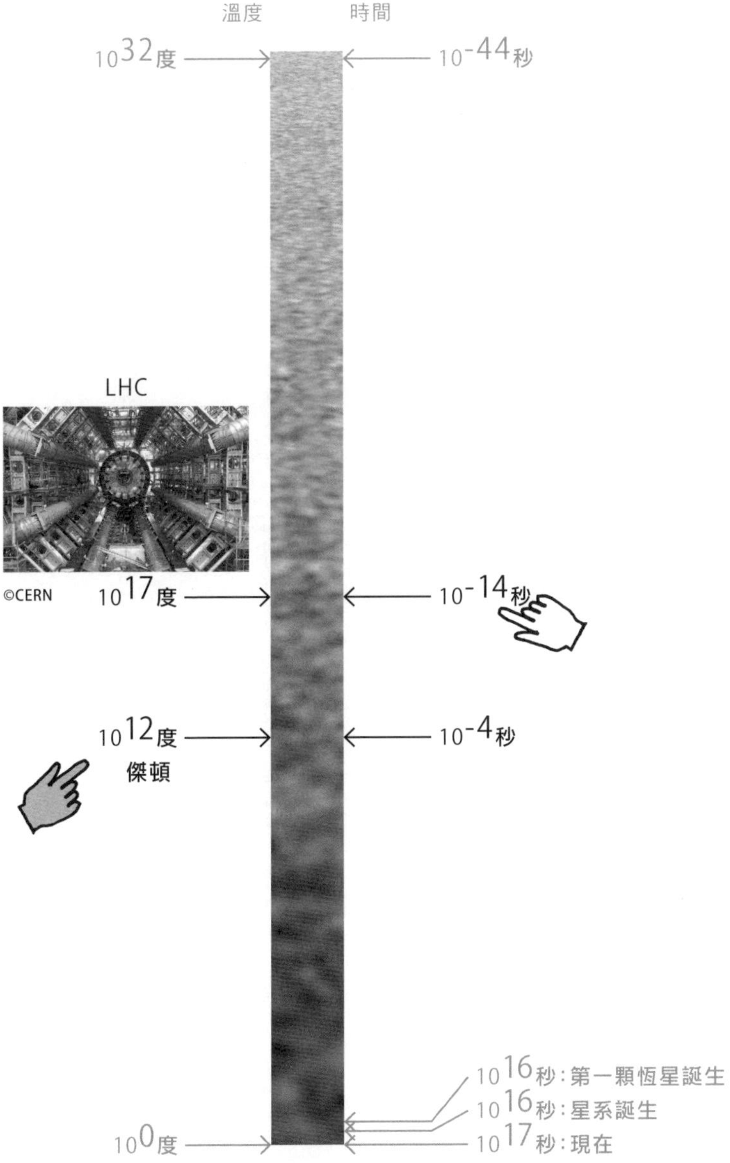

溫度
時間
10^{32}度
10^{-44}秒
LHC
©CERN
10^{17}度
10^{-14}秒
10^{12}度
傑頓
10^{-4}秒
10^{16}秒：第一顆恆星誕生
10^{16}秒：星系誕生
10^{17}秒：現在
10^{0}度

首先，從宇宙誕生到10^{13}秒（10兆秒）之後——38萬年後。這時發生電子被封閉在原子裡的現象（圖77☞）。溫度約1000度左右（正確的數字是3000度，不過這裡只考慮位數＝幾個零）。

前面也提過，原子的基本——電子與質子（原子核）在溫度高的時候，會自由的四處遊走。溫度下降到1000度左右時，遊走的電子與原子核凝集，成為原子，就好像大家熄燈睡覺。發生了剛才說明的現象——相變。

電子四處遊走的時候，光動不動就會撞到電子，就像白天的滑雪場擠滿校外旅行的學生，不巧也在現場滑雪的民眾，稍微滑一下就會撞到學生……滑得很不順暢。但是，一到夜裡，學生們筋疲力盡的回到旅館，熄燈睡覺之後，滑雪場清空了，這麼一來，滑雪的民眾便能自由自在的滑雪了。

這就是第二章所說「宇宙的復合」（放晴）狀態。濃雲密布的電子消失，變成晴朗狀態，光可以直線前進，也就是宇宙現在的狀態。光可以自由穿梭在空空盪盪的空間裡。而復合的一瞬間，是在宇宙誕生的10^{13}秒後。

圖77＊宇宙的復合

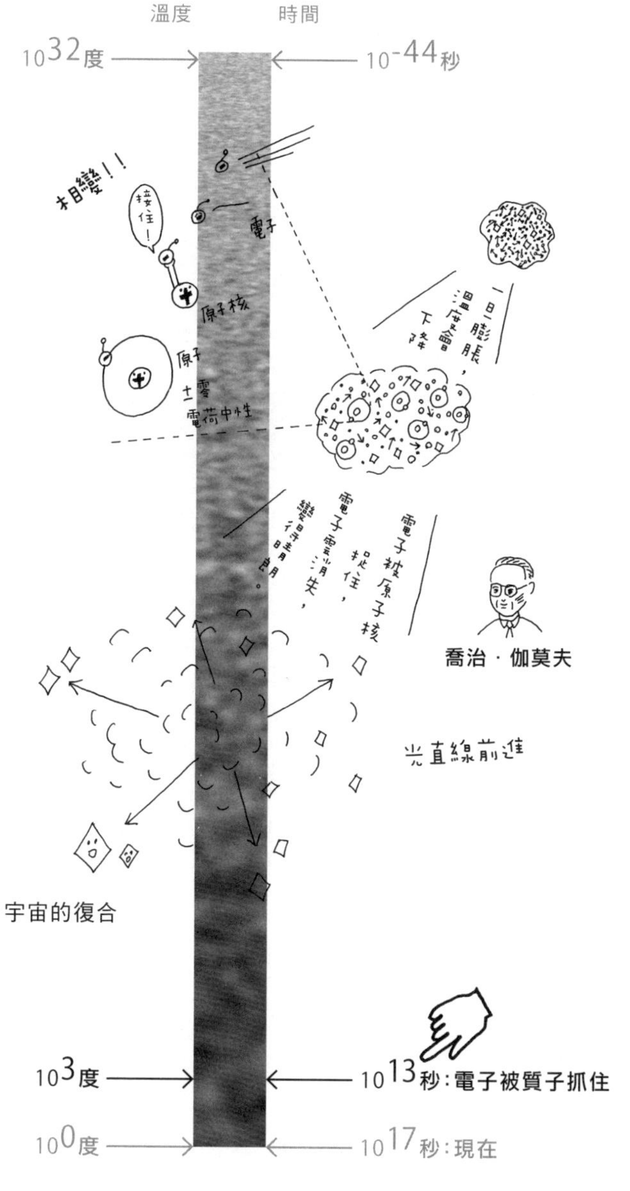
溫度
時間
10^{32}度
10^{-44}秒
相變!!
接住!
電子
原子核
原子
±零
電荷中性
一旦膨脹，溫度會下降
電子被原子核捉住，
電子雲消失，變得晴朗。
喬治・伽莫夫
光直線前進
宇宙的復合
10^{3}度
10^{13}秒：電子被質子抓住
10^{0}度
10^{17}秒：現在

從10^0秒開始到10^2秒後——元素合成

其次，再進一步回推，從10^0秒到10^2秒——也就是宇宙形成後的1秒到100秒之間。以溫度來說，即從100億度降到10億度的2到3分鐘之間，發生了什麼事呢？這時發生了「核合成」現象（圖78☞）。

這也是相變。剛才的「復合」，電子被原子核（質子）捕捉，但在它之前的「核合成」時，形成了原子核。原子核是多個質子與中子凝集的狀態。不同個數的質子與中子，決定了原子的不同，它們形成了原子核，進而組成形形色色的原子。

如同電子被捕捉，質子與中子也同樣在遊走，但後來精力耗盡而凝集起來。質子相互凝集，形成種種不同的原子核，在宇宙形成的1秒到100秒之間，組成周期表上許多原子（的原子核）（不過正確的說，應該只有輕原子）。

圖78＊元素合成

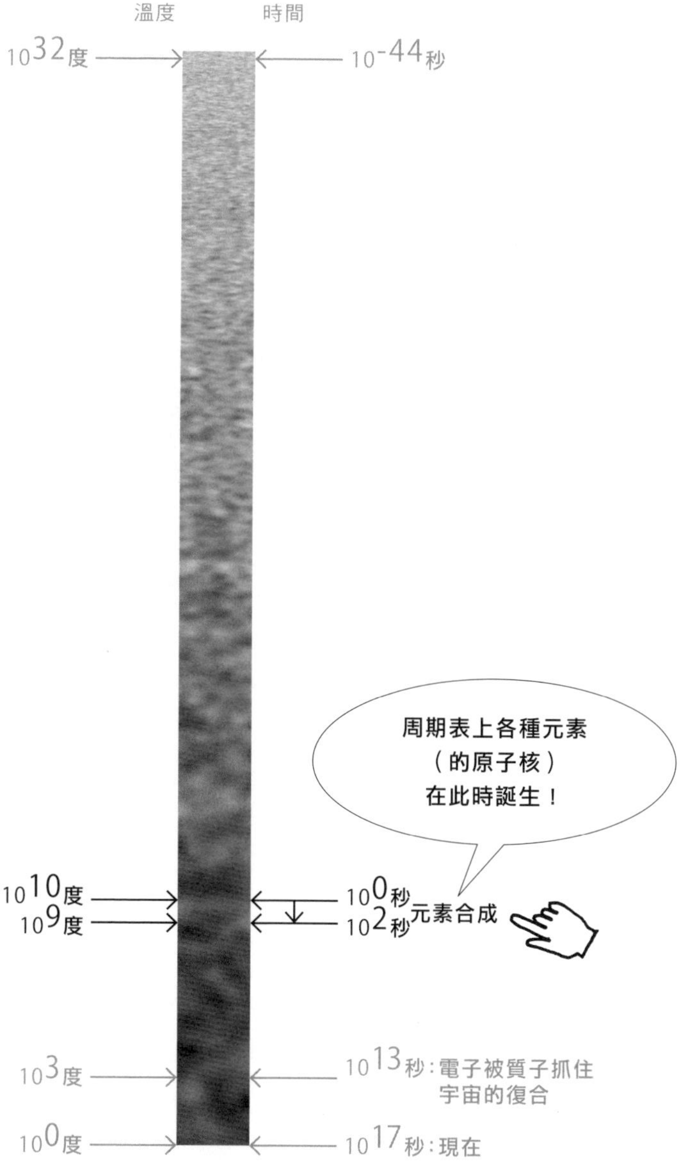
溫度
時間
10³²度
10⁻⁴⁴秒
周期表上各種元素
（的原子核）
在此時誕生！
10¹⁰度
10⁹度
10⁰秒
10²秒
元素合成
10³度
10¹³秒：電子被質子抓住
宇宙的復合
10⁰度
10¹⁷秒：現在

說明宇宙元素構成比的αβγ理論

αβγ理論是解釋宇宙初期這些元素合成架構的理論，以提出這篇論文的三位作者姓氏字首為名。γ是想出大霹靂的喬治．伽莫夫，αβ分別是伽莫夫的學生。

舉例來說，2個質子與2個中子聚集起來，就會變成氦。氦的原子核再附著了質子和中子的話，就會變成鋰（圖79☞），周期表上的元素就是以這種方式一個一個創造出來。而合成的架構——也就是說，現在的宇宙中有多少氫、多少氦、多少鋰……全宇宙的元素構成比是什麼樣，都是由此時元素合成的。

另一方面，從實際觀測中調查現在宇宙由什麼元素組成。宇宙中絕大多數的物質，並沒有像星球那樣凝集，而是成不了星球的氣體狀態。

假設氣體的前面有一顆恆星。恆星射出來的光在半途中，與氣體產生作用，該氣體會依其種類，吸收某些固定特有的波長，使該波長無法到達地球，以致光

圖79＊αβγ理論

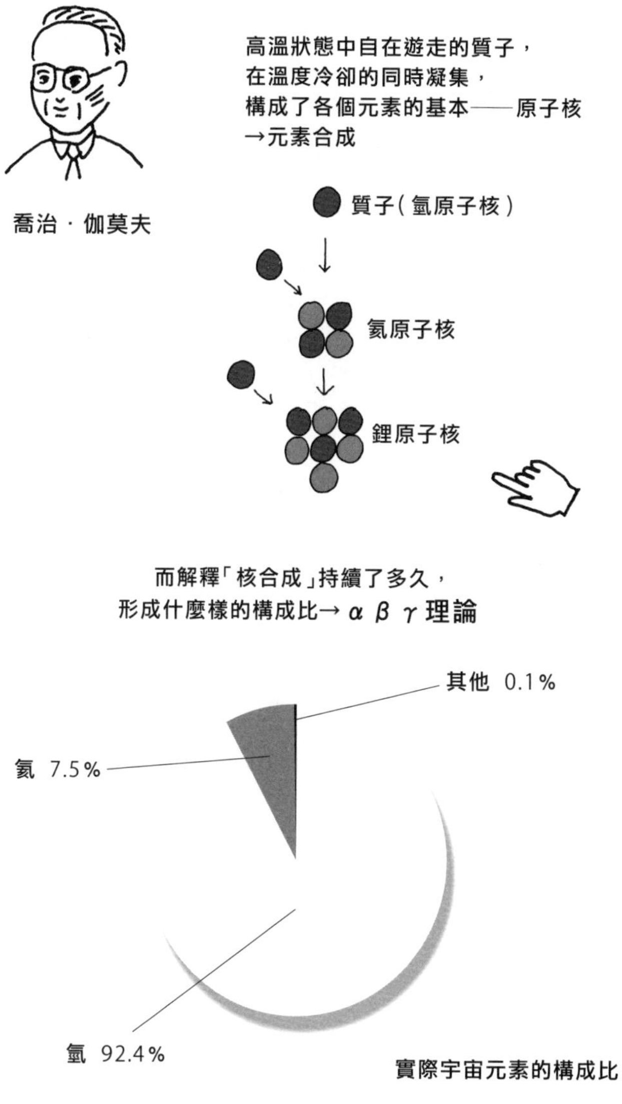
高溫狀態中自在遊走的質子，
在溫度冷卻的同時凝集，
構成了各個元素的基本——原子核
→元素合成
喬治·伽莫夫
質子（氫原子核）
氦原子核
鋰原子核
而解釋「核合成」持續了多久，
形成什麼樣的構成比→αβγ理論
其他 0.1%
氦 7.5%
氫 92.4%
實際宇宙元素的構成比

譜出現遺漏。以前在說明「紅移」的時候，我給各位看過這張圖（圖80☞）。你們可以看到，光譜上有些黑色線條（遺漏）吧。這就是遺漏的地方，它叫做「吸收光譜」。看到缺漏的部分，就知道那道光通過了什麼樣的氣體（物質）。透過檢視四面八方的星光——就能知道哪個遺漏（哪個元素）各有多少量。……從例如「氫的吸收線多，氦的吸收線少」的狀況，可以了解該恆星與地球之間的空間分布了什麼樣的氣體（物質），宇宙充滿了什麼樣的元素，然後計算出它的比例。

經由計算之後，發現氫占有92．4％，氦占有7.5％，其他只有0.1％。宇宙幾乎是由氫和氦構成的。

至於「宇宙形成的1秒到100秒後之間發生元素合成」的說法，是從現在宇宙的元素比例反推回去……也就是說，從算式中求出宇宙花了**幾秒時間進行元素合成**，才會有現在的比例。結果算出可能在100秒中發生元素合成，才會形成今天這樣的比例。

剛才說過，在元素合成時不斷形成原子核，但幾乎所有的原子核都維持1個

圖80＊吸收光譜

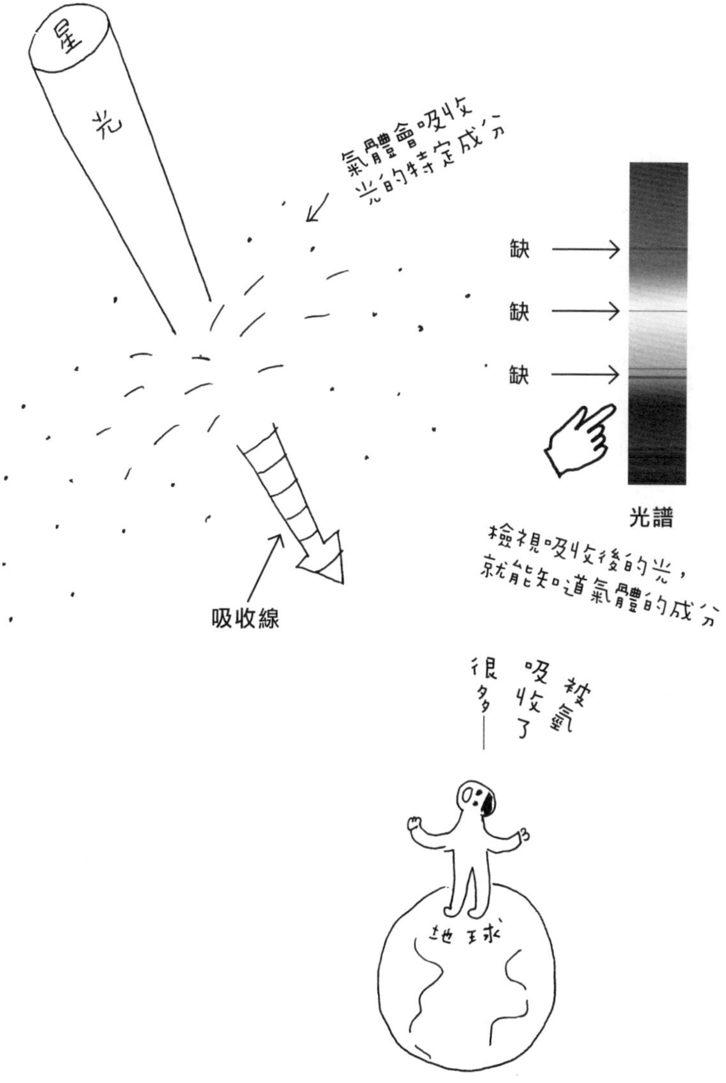
星
光
氣體會吸收
光的特定成分
缺
缺
缺
光譜
檢視吸收後的光，
就能知道氣體的成分
吸收線
被氣
吸收了
很多—
地球

質子的狀態，分散游離著沒有凝集。後來宇宙復合的時候，這些1個質子狀態的原子核，捕獲電子，成為氫原子。這種情形發生在宇宙大部分地區，也是宇宙元素中九成都是氫原子的原因。

10^0秒後——對生被打斷，剩下只有光的宇宙

雖說「元素合成」發生在宇宙誕生的1秒後，不過「1秒後」還發生了其他重要的事。

在第一章開始時，我講解了反物質。說到粒子與反粒子變成能量（光）（↓湮滅），能量（光）會製造成對的粒子與反粒子（↓對生）。大家還記得嗎（25頁圖2）？

宇宙初期溫度處於極高狀態，是因為「能量密度高」。所以，那時射出的光，帶有非常強大的能量。也因此，那些光會生出物質與反物質。這些剛產生的

物質與反物質，一旦相遇又會變成光。光又再次製造出物質與反物質……周而復始的一再發生。這種現象持續了一段時間。

但是，先前也說過，宇宙開始膨脹之後（體積變大），光的能量（溫度）漸漸下降。空間伸展，光也配合著伸展開來，波長也拉長了（能量變低）（圖34）於是剎那間，失去了製造物質與反物質的能量。

製造電子與正子成對，需要1兆電子伏特（MeV）的能量，以溫度來說，如果沒有10^{10}度以上的溫度，無法進行對生。所以，溫度持續降低，低於10^{10}度之後，就再也不能成對製造物質與反物質了。而低於10^{10}度就是在「1秒後」。自那時之後，只有光獨自飄蕩著，漸漸降低能量。它已沒有足夠能量去製造物質與反物質……

聽到這裡，沒有什麼疑問嗎？

我的疑問是，若是如此，為什麼我們和恆星那類的物質（粒子）現在會存在呢？按上面的理論說的話，宇宙誕生的1秒之後，對生被切斷，只剩下光，應該沒有其他的物質（粒子）存在才對。

誕生的1秒後成為10^{10}度的宇宙，溫度漸漸下降，降到現在約為3度左右。以對數來說，就是10^{0}度，降了10個位數。時間也經過了137億年。如果宇宙誕生1秒後，對生中斷，變成只有光的宇宙，後來不再發生對生，也應該沒有粒子，我們也不會如此存在於宇宙中了。

那麼為什麼呢？

圖81＊對生中斷

宇宙溫度高的時候，
對生與湮滅頻繁地發生。

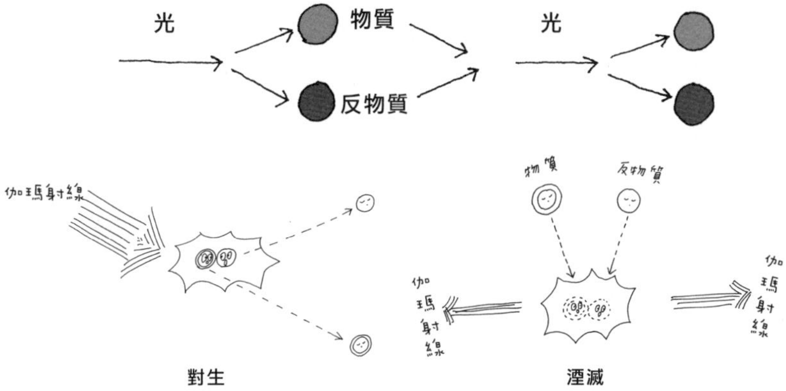

溫度下降
對生的能量消失

宇宙中只有光

10億的光與剩下的1個物質

如前一章中講述過的，檢測現在全宇宙的物質（全質量）平均密度可知，每1立方公尺空間，約有6個質子的程度。其中，所謂的一般物質（重子）等約有0.2個程度。包含暗物質在內，才到2個的程度。但畢竟問題是在幾位數，所以就把它當成1個，比較容易解釋（圖82）。宇宙廣闊空曠的程度，著實是地球上在物質圍繞下的我們很難想像的空間。對比一般物質，同樣1立方公尺體積中，光約有10億個，占壓倒性的大多數。話雖如此，因為宇宙太空曠，所以基本上還是黑暗的。

剛才提到——粒子與反粒子變成光，又再變回粒子與反粒子，到某一時間點，光不再生成粒子與反粒子，只是維持光的狀態……從這個理論引伸的話，這1立方公尺內所含的1個物質，應該是零，否則就有些奇怪。物質全部消滅，變成了光才對。為什麼會殘存下來呢？

答案是，粒子與反粒子的數量並不相同的關係，就這麼簡單。接下來的內容

圖82＊宇宙的粒子密度

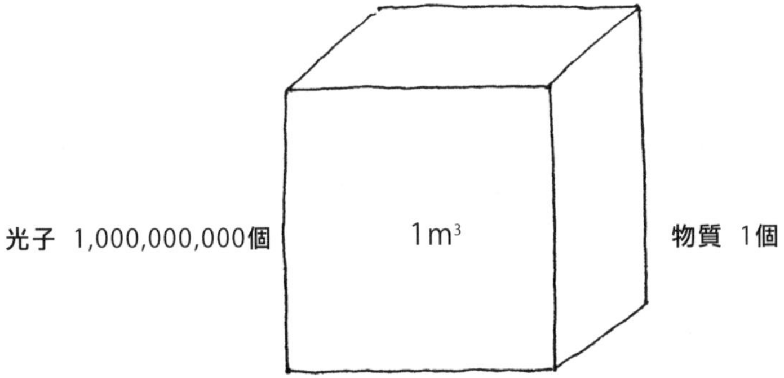

沒有全部變成光子，
一定是因為物質與反物質的數量並不相同。

從上面光與物質的比例看來，

物質1,000,000,001＋反物質1,000,000,000 個。
它們變成了光子1,000,000,000＋物質1。

會有點殘酷。

這個圖中，如果物質與反物質的數量相同，互相湮滅而變成光，物質—反物質就會抵銷成為零（圖83☞）。可是，如果物質多了1，其中7個可以物質配對湮滅，剩下1個可憐的傢伙，孤獨的留下來了。

說個題外話。現在日本國內男性人口比較多。像中國也是，男性的比例尤其高。而俄羅斯正相反，女性人口比例具壓倒性優勢。真羨慕俄羅斯啊（笑）。這種現實世界經常發生的可悲現實，在遠古的粒子世界也發生過。

就比例來說，即是物質10億零1個比反物質10億個。也就是說，這張圖中雖然是7組伴侶對1個剩餘，但實際上是10億組伴侶相親相愛、歡天喜地，只有一個孤身影隻的感覺。

到處都有王老五的話，大家倒也自得其樂。但是朋友們全都雙雙對對，只有一個人被落下來，不是很可悲嗎？閒話一則，我大學同班的好友中，只剩我一個還沒有結婚，真是哀傷啊。

從全宇宙空間來看，物質只有極少的一小部分——每立方公尺只有相當於1

圖83＊物質與反物質成對

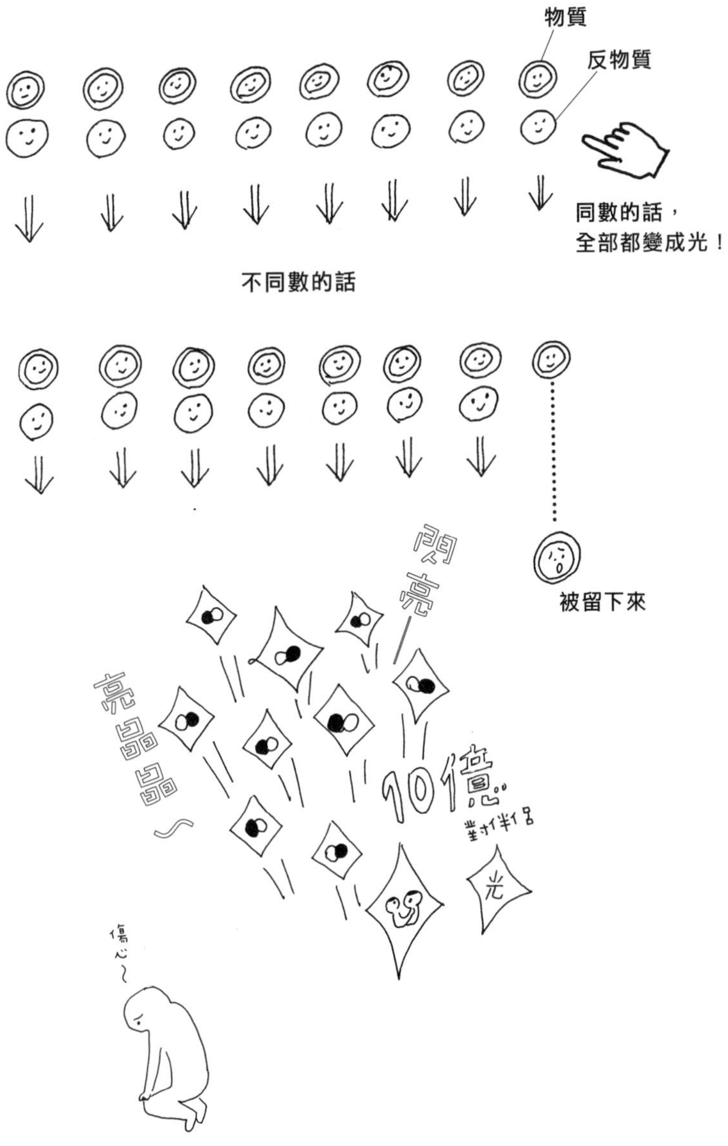

個質子的份。但僅靠這殘留下來的王老五們聚集起來，製造出太陽、地球和各位的身體。

自然的法則應該是左右對稱，但……

所以，物質與反物質並不對稱。

雖說「不對稱」，但是10億與10億零1的比例，幾乎全都對稱了。一般人可能根本不會在意這麼小小的1，但是物理學家就是這麼錙銖必較啊。

自然科學理論必須在完全對稱、沒有左右傾斜的狀態——完美達到完全對稱，是物理學家抱持的信念，所以他們無法容許這種結果發生。

架構物理根基的「標準模型」更是要求「絕對要對稱」。但這個結果與標準模型發生了矛盾，稱它是CP對稱性的破壞，詳細內容請看專題III。

二〇〇八年，獲得諾貝爾獎的小林－益川理論，便是在標準模型的框架內，試圖解釋非對稱性的理論。將小林－益川理論加入標準模型中的話，就能在標準模型的框架內解釋非對稱性。

隨時進行修正，成立終結版的完美理論，就是標準模型。雖然在大框架內吻合（所以才要修正），但至於標準模型到底是不是真的正確，雖已有某種程度的檢證，但還是今後必須多所研究的主題。

10^{-8} 秒後到 10^{-4} 秒後——夸克凝集，成為質子

好，主題回到宇宙年表，粒子單獨被留了下來，獨身影隻是在宇宙形成的1秒之後。

那麼，繼續往回走吧。從 10^{-8} 秒後到 10^{-4} 秒，也就是1億分之1秒到1萬分之1秒之間——那時的溫度是 10^{12} 度，大約和傑頓一樣。這個溫度時發生了什麼事呢？發生了夸克被封鎖在質子中的現象（圖84☞）。

如之前說過的，夸克在溫度高的狀態中也會自由游走。但它沒了精力，固定，成為質子。溫度再高一點的話，就能把質子還原成分散夸克的狀態。

10^{-11}秒後——第3次相變產生「電磁力」和「弱作用力」

繼續往回走，10^{-11}秒，1000億分之1秒。溫度達1000兆度，在那個時候，發生第3次空間的相變（圖84☞）……突然從「第3次」開始有點奇怪，不過，我們是在回溯時間，所以，會按3、2、1的順序出現。

剛才解說水的相變中，水蒸氣到冰之間，發生了2次相變，對吧。

溫度冷卻，水蒸氣變成水是第1次，從水變成冰又1次，總計有2次。空間的相變（力的相變）發生了3次。第3次相變中發生了什麼呢？原本唯一的力分成了2種，產生了「弱力」和「電磁力」。

注：前面提到夸克、質子、原子的相變，都可以算是第4次、第5次和第6次相變。宇宙論專家常說的相變，是第1次、第2次和第3次從力的觀點看到的相變。

圖84＊第3次相變

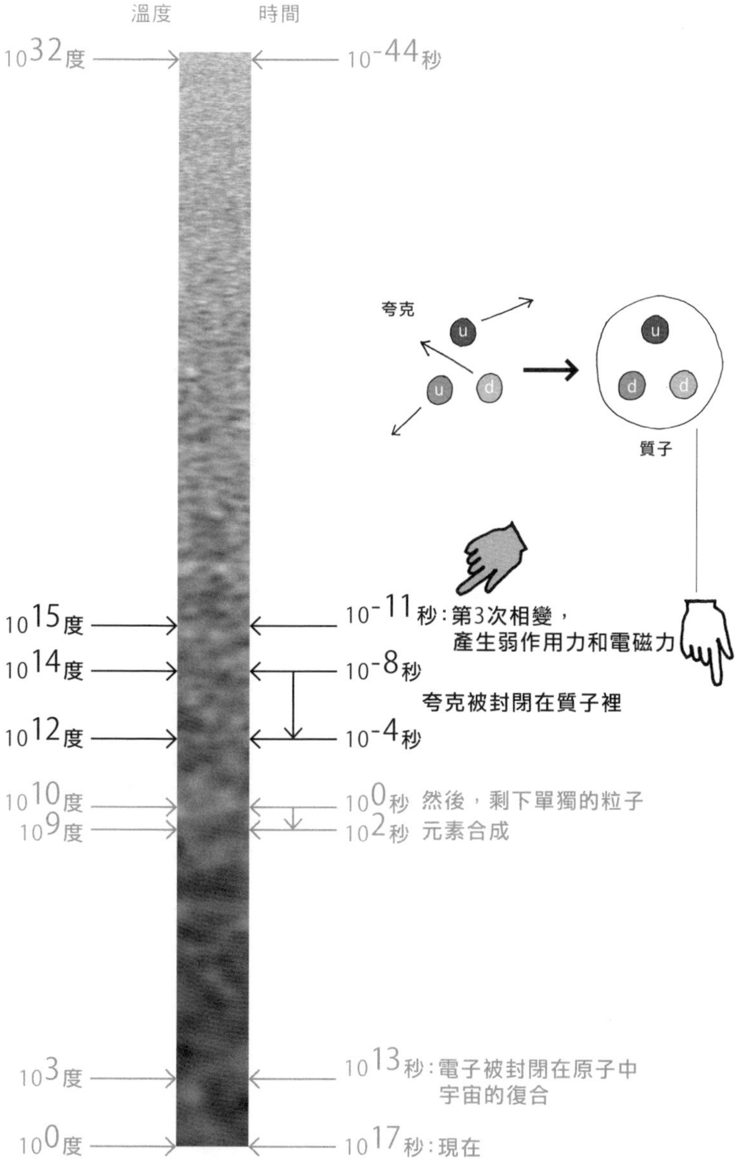
溫度
時間
10^{32}度
10^{-44}秒
夸克
質子
10^{15}度
10^{-11}秒：第3次相變，
產生弱作用力和電磁力
10^{14}度
10^{-8}秒
夸克被封閉在質子裡
10^{12}度
10^{-4}秒
10^{10}度
10^{0}秒 然後，剩下單獨的粒子
10^{9}度
10^{2}秒 元素合成
10^{3}度
10^{13}秒：電子被封閉在原子中
宇宙的復合
10^{0}度
10^{17}秒：現在

自然界的4種力——人類只能感受到「重力」和「電磁力」

我先就「力」簡單的解釋一下。

自然界有4種力（圖85），「重力」、「弱作用力」、「電磁力」、「強作用力」。這4種力的強度和作用都完全不同。

各位最熟知的力，只有「重力」與「電磁力」吧。原因是，力的作用隨距離的遠近有所改變，「弱作用力」與「強作用力」的作用距離太短了。「強作用力」是10^{-15}公尺，「弱作用力」是10^{-18}公尺。

這兩種力都只能在極短的距離內作用，所以各位在平常生活中感覺不到。人類只能感受到重力和電磁力。

在高中物理中講到很多種力，像是摩擦力、抗力或張力等等，這些全是電磁力的表徵。例如，我摩擦桌子，產生摩擦力的時候，從宏觀來看，只是我的手和桌子之間的電磁力以摩擦力來表現，但它原本是電磁力。不過，就算感覺不到，我們還是得到很多弱作用力與強作用力的幫助。如果沒有弱作用力，太陽就不會

圖85＊基礎力一覽表

	重力	弱作用力	電磁力	強作用力
荷	質量(1種)	弱荷	電荷(2種)	色荷(3種)
媒介粒子	重力子	W玻色子	光子	膠子
力的大小	10^{-39}	10^{-5}	10^{-2}	1
作用距離	無限	10^{-18}m	無限	10^{-15}m
提出年	1665	1933	1864	1935
提出者	艾薩克．牛頓	恩里科．費米	詹姆斯．克拉克．馬克威爾	湯川秀樹

「強作用力」的作用方法

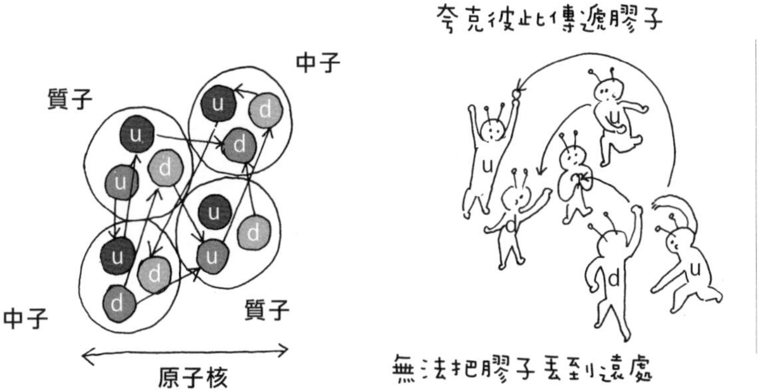

燃燒，沒有強作用力的話，我們無法保有人的形體。

自然界存在的「力」，不但作用距離不同，作用的方法與力的大小，在各種層面也都完全不同。

然而，為什麼「弱作用力」與「電磁力」原本是同一種力呢？

「電磁力」與「弱作用力」曾經是一家

這個理論是由史蒂文．溫柏格、阿卜杜勒．薩拉姆、謝爾登．格拉肖3人所提出。雖然是3個人，但不知為何，名稱卻只用了2個人的名字，叫做「溫柏格－薩拉姆理論」。這其中有什麼隱情，我是不知道啦（笑）。此外，格拉肖除了這個理論外，在許多領域都有卓越的成就，是個非常有名的物理學家。

這3人提出的理論是：「宇宙初期，電磁力與弱作用力是同一種力，但宇宙冷卻之後，在某個時間點，2力分離了。」我在這裡簡單的說明一下。

第一，我們來想想「所謂的力到底如何傳遞？」這個問題。力並不能在一個空無一物的地方，突然互相產生作用。首先，要將傳遞力的粒子丟給對手，把力傳遞過去；而對手也要把傳遞力的粒子丟回來；於是就這樣，，兩方互相投接傳遞力的粒子——媒介粒子，以這種方式來傳送力。「力在作用」即表示「投接媒介粒子的狀態」。這就是力的傳遞架構（303頁圖Ⅲ-1，傳遞力的粒子（規範玻色子）就是媒介粒子）。

4種力的「投接粒子」都不相同。電磁力的媒介粒子是「光子」；強作用力是「膠子」；重力是「重力子」，弱作用力的話是「W玻色子」。力不相同，所以投接的媒介粒子也不同。

所以，「電磁力與弱作用力原本是一家」的意思，就表示電磁力的媒介粒子「光子」與弱作用力的媒介粒子「W玻色子」原本是相同的東西。

但是，光子是沒有質量的粒子，而W玻色子卻相反，它的質量大得出奇，約有質子的90倍，可稱作巨大粒子了。稱這兩種截然不同的粒子，在宇宙初期是同一種粒子的想法，有點說不過去。

因此，溫柏格三人這麼解釋：「在原本相同的時候，希格斯粒子給了W玻色子質量。」

希格斯粒子沒有給光子質量，只給了W玻色子質量。他們納入希格斯粒子「給粒子質量」的機制，解釋這個奇妙的架構。

質量是什麼？

二〇一二年夏天，經由新聞報導而聲名大噪的「希格斯粒子」在這裡上場了。新聞中也解說它是「給質量的粒子」，但也許有人都還聽得似懂非懂。「給質量」究竟是什麼意思？

舉例來說，電子有重量，是511千電子伏特（keV）。質子的質量是938兆電子伏特（MeV）。質量都是固定的。而且各不相同。為什麼基本粒子會有質量呢？為什麼各粒子的質量大小都不一樣呢？

首先，必須理解「什麼是質量」。新聞中沒有說明質量本身的意義，所以很難理解。

圖86＊溫柏格－薩拉姆理論（電弱理論）

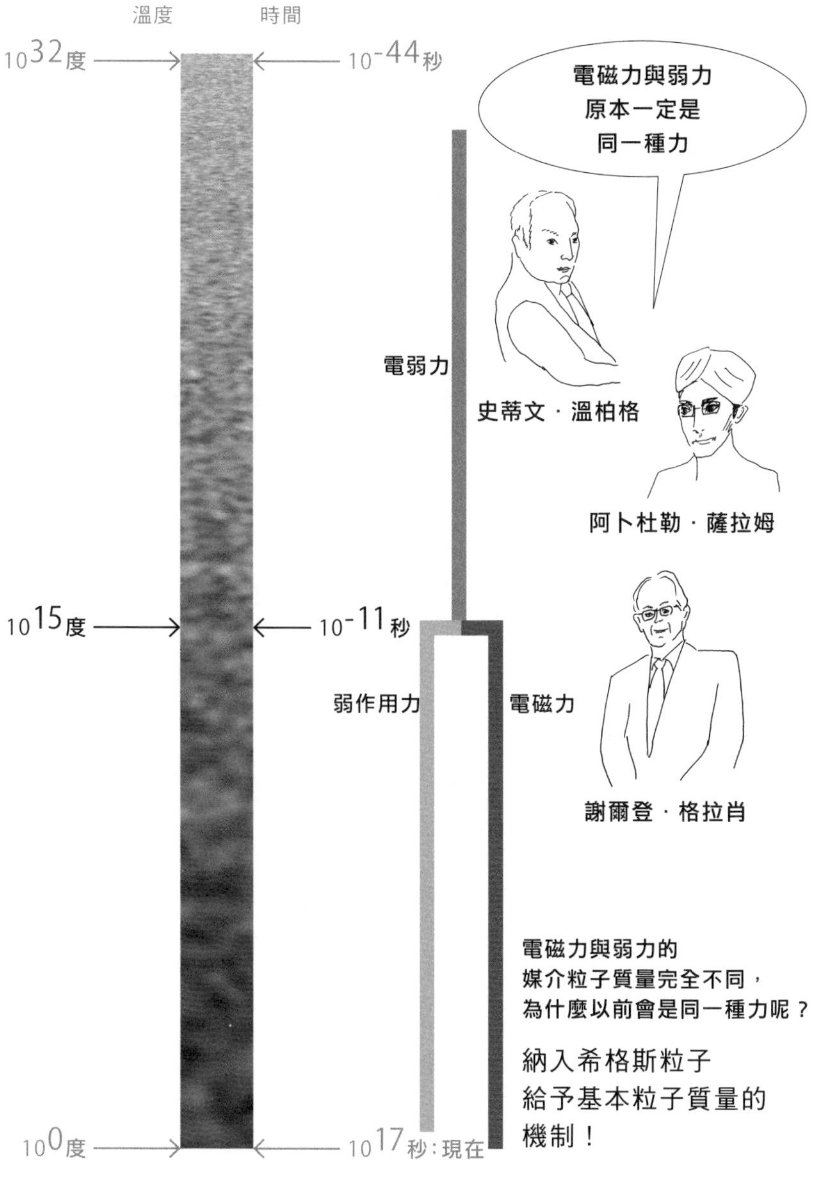

各位認為質量是什麼？它是表示「移動難度」的量。

舉例來說，假設這裡有「輕物」和「重物」。我們對這兩物，施以相同大小的力，試圖移動它，這時，「輕物」很容易就動了。相對的，相同的力加在「重物」上，卻依然動不了。以車子來說，發動一輛大卡車不太容易，但是輕型的運動車就容易多了。所以，施予同等力量時表示移動難易的數值，就是「質量」。

請把質量想成「移動困難度／容易度」，所以「獲得質量」的意思就是「移動變得困難」。

我以前參加過電台節目，那個節目的主要內容，是向辣妹模特兒來賓解說基本粒子物理學（「辣妹也能了解的基本粒子物理」），在現場我回答了辣妹模特兒各式各樣的問題，也提到了希格斯粒子的理論，當時回答時用的比喻相當成功，所以這裡我也說給大家聽。

希格斯粒子產生階級差別

假設這裡是派對會場（圖87）。這個派對會場相當於宇宙。而我和當時那位模特兒，美麗的川端小姐一起到那兒去。派對開始前，我們兩人都能自由的到處走動。想吃什麼，就到餐點桌前去拿，想上廁所，也都能簡單的達成。這時兩人都相當於沒有質量的狀態，在這個狀態下，兩人感覺不到差距。

這時，派對開始了（派對的開始相當於「相變」），派對開始會發生什麼事？客人會陸續進場，然後，因為川端小姐長得美，又受歡迎，所以賓客全都聚集到川端小姐身邊，圍著她說話。

相反的，我是個討人厭的傢伙，沒有人來找我說話。我這個人哪，每星期都會獨自跑去玩耍，就算派對開始，我也一個人孤獨的站在一角。

川端小姐被賓客團團圍住，即使「中途想吃點什麼」，菜肴也放在眼前不遠的桌上，但她就是沒有辦法去取。想上廁所也沒有那麼容易辦到。

賓客一再的來找她說話，把川端小姐圍在正中央，她變得動彈不得。難以移動，也就表示她取得了質量。

相對的，我和派對開始前一樣，可以任意走動，吃自己喜歡的食物，也可以自由去上廁所。因為根本沒有人注意到我去上廁所。

就在這裡，階級差距出現了，身為人的階級差距。

這些**製造出階級差別的粒子**、這些賓客就是希格斯粒子。希格斯粒子會挑**人**，會有大小眼。「希格子粒子喜歡的程度」，會以不同的質量來表現。

用剛才的話來說，「光子」是我，「W玻色子」是川端小姐。原先派對開始之前，我們感覺不到差別，也就是彼此是平等的。光子和W玻色子也沒有區別。但派對一開始，也就是相變產生的瞬間，就產生了大幅差距。這是在宇宙誕生10^{-11}秒後的瞬間發生的。

正確的說，希格斯粒子並不是此時才突然發生（魚貫進入會場），它們原本就存在，只是在這時**開始挑人**了。

各位也聽過吧，以前我被女友甩的時候，她對我說：「感情冷掉了。」女人的心就是會在某一時候幡然而變。這就是女人心的相變啊！

希格斯粒子也是在這瞬間——正好宇宙冷卻到10^{15}度的瞬間，製造出相伴和甩掉的對象。

圖87＊希格斯粒子是什麼？

↓

給予基本粒子質量的粒子。

質量的意思，就是移動難度。

希格斯粒子不理會的光子（電磁力）還是照常沒有人相伴，可以晃來晃去。相對的，W玻色子（弱作用力）因為受到青睞，得到質量，兩者變成了完全不同的物質。

用LHC來加溫！

溫柏格和薩拉姆是這麼說明的，不過它終究只是理論，如果沒有藉由實驗來檢驗，還是無法確定它是不是真的。

他們在一九七六年提出理論，但是直到一九八三年才發現「弱作用力」的媒介粒子W玻色子。到這裡，是實證的第一階段。

但他們還有另一個關於希格斯粒子的論點。將1股力量分成2股的粒子——如果沒有發現它，論點就不能算是「正確」。如果「電磁力」與「弱作用力」分家是在10^{15}度的時候，在實驗中重現它的溫度，也許就可以找到希格斯粒子。

這就要冀望於LHC了。LHC可以到達的溫度是10^{17}度（圖88☞），可以重

圖88＊LHC！！

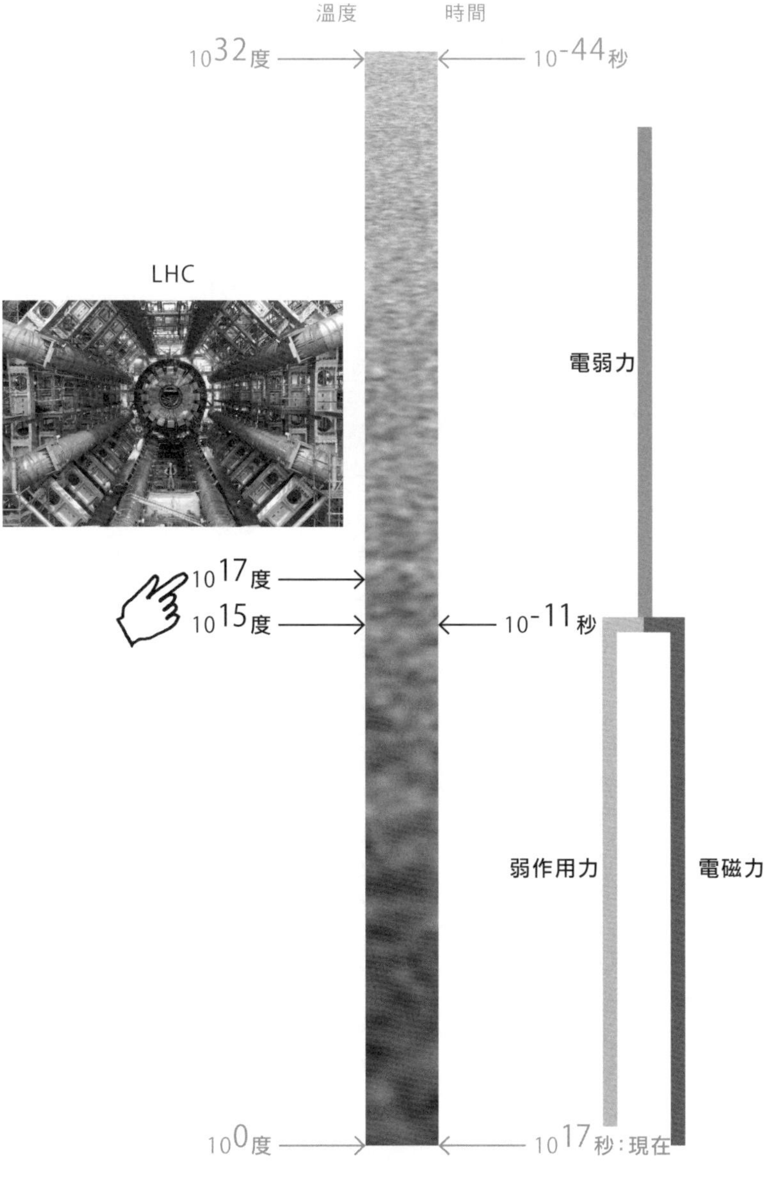
溫度
時間
10^{32}度
10^{-44}秒
LHC
電弱力
10^{17}度
10^{15}度
10^{-11}秒
弱作用力
電磁力
10^{0}度
10^{17}秒：現在

現「電磁力」與「弱作用力」同為一家人的時候吧。

而且實際做了實驗之後，**好像真的發現了**希格斯粒子。

使徒的機率是六九

但是，學者不能斬釘截鐵的宣告：「找到啦！」是因為不論什麼現象，都只能用機率來表現。實驗所得的數據也許是假的吧？我們隨時都在考慮這種可能性。實驗中必然會出現所謂「雜訊」之類，目的外的信號。真正想要的信號會隱藏在裡面。所以，必須計算信號藏在雜訊中的狀況，看看該信號是真的還是假的，定量的評估有多少機率是真的。

在物理學的世界裡，一旦發現什麼的時候，就算它有99.99%的機率是真實，也只能稱為「徵兆」，不能叫做「發現」。直到99.9999%的機率可以稱為正確時，才能叫做「發現」，非常之謹慎。

說個題外話。卡通《新世紀福音戰士》描述使徒（敵軍）來攻的故事。劇中有一幕，分辨使徒的裝置在檢測使徒機率為「六九」的時候，便判斷它「是使徒」。六九的意思，就是有6個9，也就是99.9999%。以物理學世界指稱絕對無誤的機率，判斷為「使徒」，考據得真好。

所以，若不能以這種準確率確定希格斯粒子的存在，就不能算是「發現」了。不過，我想這只是時間問題，只要數據累積下去，一定會成為確實。

希格斯粒子本身一直纏著客人不放，也失去了自由，所以若想看到單獨存在的希格斯粒子，必須回到過去，它還沒有纏住名人時的狀態，希格斯粒子本身可以自由活動的狀態（溫度）才行。

因此，使用人類製造出的最強大裝置，將可以重現這個分歧點。

科學論文與ABE

再說個完全不相干的事。這個LHC實驗（超環面儀器〈Atlas〉實驗），不但裝置相當巨大，實驗團隊也很龐大。參加人員竟達到3千人。一般推出論文的時候，都會在最前面列出參與實驗者的人名。但這個實驗太巨大了，光是人名就列了好多頁（笑）。

而且，在我們物理學的世界，不會把最偉大的人的名字列在最前頭。為了慎重其事……大多按姓名的字母順序排列，因此阿部之類的名字，一定會列在最前面。誰叫他的拚音是ＡＢＥ呢（笑）。不論什麼論文，大概第一個都是ＡＢＥ。真應該投胎到阿部家啊。像我姓多田（ＴＡＤＡ），一定都排到後面去了。

10^{-36}秒到10^{-11}秒後——第2次相變與能量沙漠

接下來，我們再往前回溯。

再往前走……這裡有一塊地方很空曠（圖89☞）。從10^{-34}秒到10^{-11}秒之間，沒有任何現在已知的事件發生。其他人怎麼稱呼這個部分呢？有人叫它「能量的沙漠」，「沙漠」這個詞形容得相當貼切。的確，如果每個星期都沒有人出來玩，就會感覺走在人生的沙漠裡一樣呢……。

圖89＊第2次相變

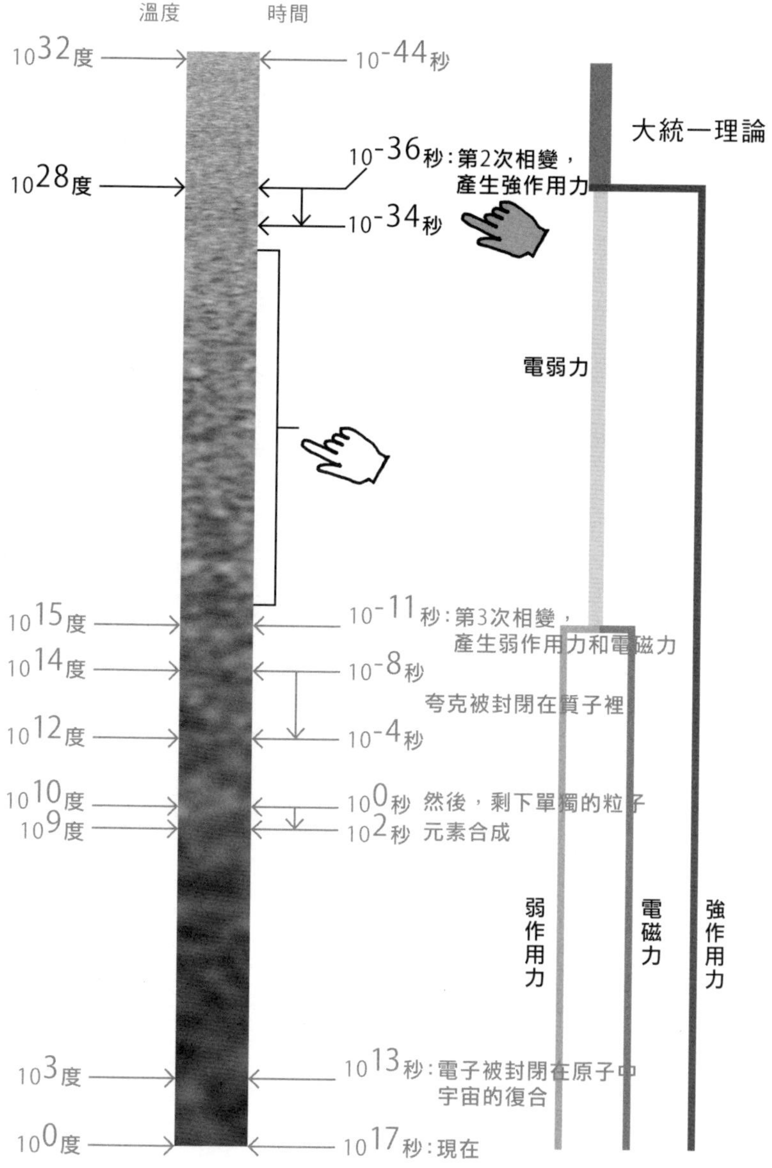
溫度
時間
10^{32}度
10^{-44}秒
大統一理論
10^{-36}秒：第2次相變，
產生強作用力
10^{28}度
10^{-34}秒
電弱力
10^{15}度
10^{-11}秒：第3次相變，
產生弱作用力和電磁力
10^{14}度
10^{-8}秒
夸克被封閉在質子裡
10^{12}度
10^{-4}秒
10^{10}度
10^{0}秒 然後，剩下單獨的粒子
10^{9}度
10^{2}秒 元素合成
弱作用力
電磁力
強作用力
10^{3}度
10^{13}秒：電子被封閉在原子中
宇宙的復合
10^{0}度
10^{17}秒：現在

那麼，再往前走，來到10^{-36}秒到10^{-34}秒之間（圖89☛）。這時候發生了第二次相變。「強作用力」與「電弱力」（電磁力與弱作用力合併的力）在此時走向分歧。

學者認為，在此之前，有某種原始的力存在，但在這一瞬間，宇宙的狀態改變，從原始力中分出「強作用力」。

前面說過「電磁力」與「弱作用力」原本是同一種力，因為希格斯粒子的作用而分歧，但其實更早之前，「強作用力」也與它們合在一起。

這個說法叫做「大統一理論」，但還沒有驗證過它是否正確。因為現在人類用實驗可以重現的只到10^{17}度，如果想用現今的技術（類似LHC的加速器）來驗證，需要比太陽系更大的加速器。雖然不可能做到，但一想到如果做出來的話，還是會熱血沸騰呢（笑）。

由於無法直接驗證這個理論，就來進行間接性驗證好了。建立幾個預言，如「若是大統一理論正確，就會發生這樣的狀況」等，實際的測試它會不會發生。

此時預測到的是「質子衰變」現象。

在這個理論之前，學者們都認為質子具有永恆的壽命，絕對不會衰變。因為若是質子衰變得很頻繁，我們的身體就會日漸敗壞了。但是，如果大統一理論正確的話，則在極微小的機率下，質子的壽命有限，會自發性的衰變。神岡探測器就是為了驗證它而建造的。

如果當初理論計算正確的話，神岡探測器應該一年會觀測到數次質子衰變的狀態，但結果沒有找到質子衰變的現象。看到這個結果，理論家們怎麼說呢。他們說：「啊，次方數的數字錯了。」快速修改壽命的位數。做實驗的人看到這一幕的話，肯定會覺得：「你們這些傢伙……可知道我們花了多大功夫才造出神岡探測器嗎！」不過，理論家就是這樣，反正在紙上怎麼寫都行嘛。最近連紙都省了，直接在PC螢幕上寫。

基於這樣的實驗結果，加以修正之後，目前認為最正確的相變時間是10^{-36}秒。

大統一理論在經過種種修正後，目前還在摸索更進一步的驗證方法。

暴脹與相變的潛熱

順道一提，學者認為第2次相變發生的時候，也產生了暴脹。

關於暴脹理論，我們在「大霹靂」那一章裡介紹過。宇宙在短時間內發生了大霹靂無法相比的急遽膨脹……它的時間是在10^{-36}秒到10^{-34}秒之間（圖90☞），真的是——用一瞬間來形容也不奇怪——在那麼短時間內發生的。

暴脹是以極驚人之勢擴大了宇宙空間，所以需要極大的能量。有人問：「它的能量來源是什麼？」這部分也想到了，學者認為是相變之際的「潛熱」。

「潛熱」是什麼？就是相變時放出的能量。例如，水在相變時，水蒸氣變化為水時，會放出大量的能量。或者反之，水在變化成水蒸氣的瞬間——沸騰的瞬間，必須注入莫大的能量，否則無法沸騰。那時的能量就是所謂的「潛熱」。學者猜想那股能量會不會是第2次相變發生時所釋放出來的呢。

圖90＊暴脹

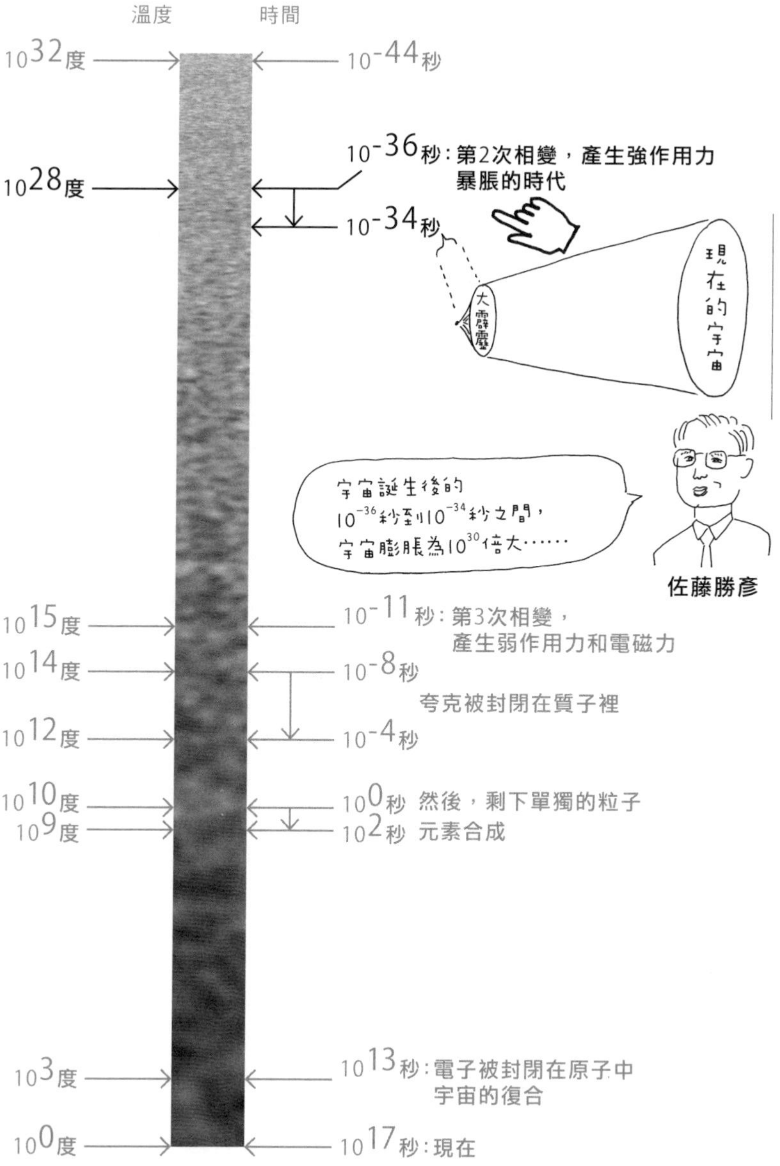
溫度
時間
10^{32}度
10^{-44}秒
10^{-36}秒：第2次相變，產生強作用力
暴脹的時代
10^{28}度
10^{-34}秒
大霹靂
現在的宇宙
宇宙誕生後的
10^{-36}秒到10^{-34}秒之間，
宇宙膨脹為10^{30}倍大……
佐藤勝彥
10^{15}度
10^{-11}秒：第3次相變，
產生弱作用力和電磁力
10^{14}度
10^{-8}秒
夸克被封閉在質子裡
10^{12}度
10^{-4}秒
10^{10}度
10^{0}秒 然後，剩下單獨的粒子
10^{9}度
10^{2}秒 元素合成
10^{3}度
10^{13}秒：電子被封閉在原子中
宇宙的復合
10^{0}度
10^{17}秒：現在

暴脹子？

第3次相變發生，也就是「弱作用力」與「電磁力」分道揚鑣的時候，需要希格斯粒子。希格斯粒子給予「弱作用力」質量。

為了發生相變，類似希格斯粒子的某種粒子必須區隔出「強作用力」與其他力。那麼，第2次相變中相當於希格斯粒子的物質是什麼呢？科學家假設是一種「暴脹子」，認為該粒子是引起相變的原因。如同希格斯粒子區隔出「電磁力」與「弱作用力」、光子與W玻色子，暴脹子區隔出「強作用力」與「電弱力」。

學者並認為，暴脹子在相變結束後，很可能快速衰變，成為形塑今日我們的粒子的根本。

暴脹子當然找不到。以現在的技術來說，連尋找的能力都沒有，所以終究只是假設。如果想用實驗重現當時的溫度，必須製造比太陽系更大的加速器才能檢測，所以，現在只是空口說白話的狀態。只不過在理論上，以這個假說可以做出非常完善的解釋，一般認為，能夠確實解釋現今宇宙形成的話，很可能是正確的。也是目前最受支持的理論。

大家可能覺得「真不愧是理論家啊」，但是關於這個暴脹模型，我寫的是「宇宙誕生後的10^{-36}秒到10^{-34}秒之間，宇宙膨脹為10^{30}倍大」，但其中的次方數，各學者寫的都不盡相同。憑著各人的模型，甚至差了幾位數。我所寫的是現在最廣為大眾所知的數值，但也有某本書寫了令人目瞪口呆的數字，還說「位數的不同並沒有什麼大不了」（笑）。果然，理論家各有各的想法，令人嘆為觀止啊。竟然敢說出「位數不同沒什麼大不了」這種話。

不過，因為都是假設，也許經過幾年後，數值又會改變也不一定。

魔法少女的「希望」相變為「絕望」的時候

各位知不知道《魔法少女小圓》這部作品呢？據說被譽為「21世紀最傑出的動畫作品」——不過21世紀才剛開始——我在朋友推薦下也拜讀過了，其中也有寫到相變和潛熱呢。

一群少女得力於外星智慧生命體「孵化器」，成為了魔法少女，發誓打倒魔女產生種種魔咒之元凶的故事。隨著故事的進行，揭露了魔法少女蛻變的結果，卻正是魔女。懷有偉大志向的純真少女（魔法少女），卻在希望末端的歪曲感到絕望，而變成女人（魔女）——故事寫得太好了，真的令人佩服。

這個孵化器把少女們變成了魔法少女，以便回收魔法少女轉變為魔女的瞬間——希望相變成絕望的瞬間所釋放的能量（潛熱）。我覺得這是宇宙中最有效率的能量回收方法了。孵化器確實清楚的說出「相變」這兩個字。

最後一集，主角用其他魔法少女難望項背的巨大能量，重建世界。利用相變之際釋放的潛熱創造宇宙的故事，完全與我們這裡的主題不謀而合。真的是部非常精彩的故事。

©Magica Quartet /Aniplex・Madoka Movie Project

10^{-44} 秒後——第一次相變，重力誕生

最後，我們來看看宇宙的開始，10^{-44} 秒後的狀況（圖91☞）。學者推測這個時候，很可能發生了第一次相變，產生了重力。

話雖如此，但沒有任何理論性的佐證。強作用力分離時，至少還有一個統一理論這個勉強合理的理論，但重力分離出來的理論，目前還沒有確立。它是從「既然『弱作用力』、『電磁力』與『強作用力』原本都是一家，剩下的那個也在一起就好了」的想法推斷出來的。

至於這理論正不正確，由於它也絕對不可能用加速器實驗直接驗證，只有利用間接的方法做各種測試。例如，重力分離出來時發生的重力波，現在應該還留存在宇宙的某個角落，可以觀測看看——或是重力波能量非常低，波長異常的長……比地球直徑更長——等，做法很多，不過基本上理論還沒有確立。

圖91＊第1次相變（重力的誕生）

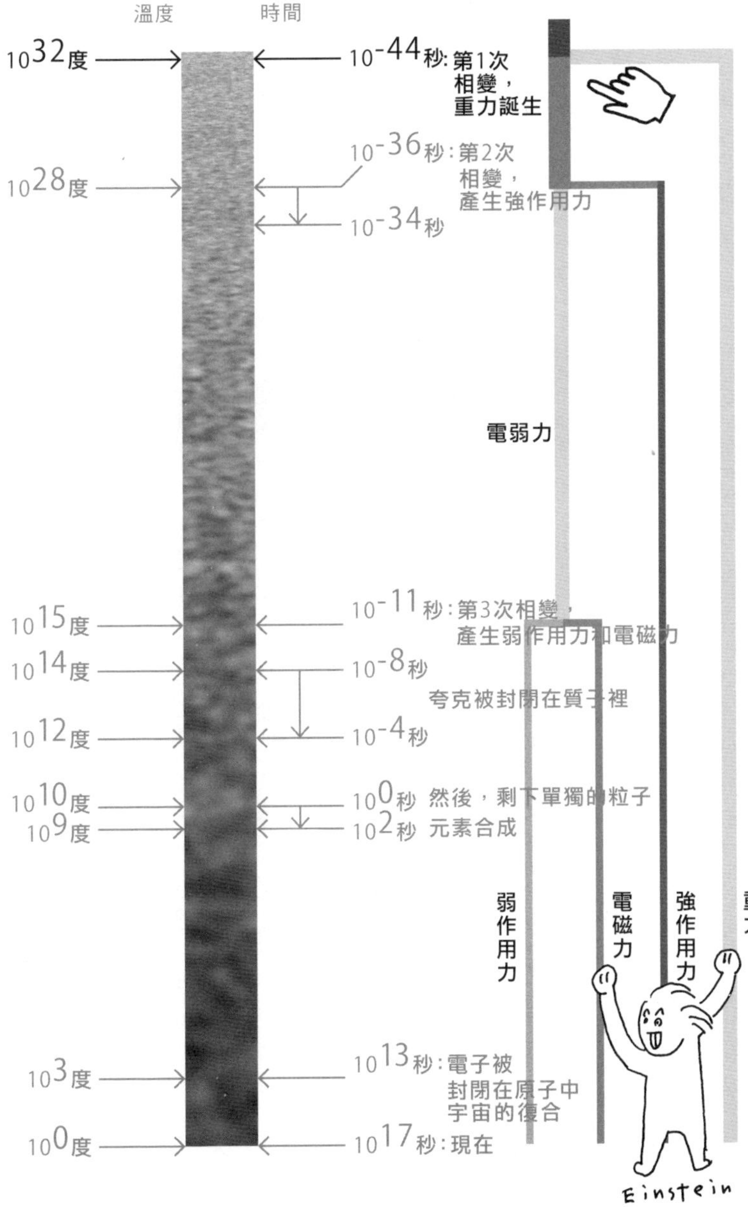

愛因斯坦嘗試失敗、物理學上最困難的問題

回頭說到愛因斯坦，他曾經想建立一套統一「重力」與「電磁力」的理論——讓這兩者原本在一起的理論。

但最後，直到他過世都沒有完成。不知道他有沒有領悟到，他從事的是在力的統一中最困難的課題。

溫柏格與薩拉姆之所以成功，是因為他們從最簡單的項目著手。重力的統一難度最高，因為必須回溯到宇宙的開始。而且他從一開始就想處理這個難題，所以失敗了。

其實，這種事多得是。

科學，就是一連串的反覆嘗試，所以錯誤屢見不鮮，失敗也所在多有。但是若不去嘗試，就不會換來成功。大致上，像我們這樣把想到的點子付諸實現的先驅者，從事的工作，等於是從1百萬個石頭中找1顆寶石一般。

宇宙的歷史就說到這裡。

講義到這裡結束了，前幾章我都會整理成一句話送給大家，但這一章不寫了。因為想說的話，難以用一句話傳達，接下來，我想說一點稍微長的想法。

人類與科學的偉大歷史

這個宇宙系列講座，很感謝每次都有這麼多人到場聆聽。「宇宙」的主題，大人到小孩都十分喜愛。但是，各位有沒有發現，人類其實幾乎沒去過宇宙？

從真正的定義來說，稱得上「去過宇宙」的人，只有阿波羅計畫的那24位而已。但是，我們經常把其他到太空站或乘坐太空梭的人稱為「太空人」吧。但正確的說，那裡不是「宇宙」，而是在被地球重力「抓住」的重力圈內。把那裡叫做「宇宙」的話，希羅克會生氣哦（注：《機動戰士Z鋼彈》中出現的人物），他可是去過木星的人呢。

以前，我聽過一個有趣的故事。宇宙物理學家佐藤文彥——他剛好是我在研究所時理學系的系主任——演講的時候，傾囊倒篋的解說宇宙論，最後問大家「有沒有問題？」的時候，有個人問了流星的問題，大概是類似「這個季節流星很多，有什麼特別原因嗎？」的問題。佐藤教授一臉愕然的說：「虧我講了這麼多……」各位朋友，聽到這句話，你們會覺得：「嗄，有什麼不對嗎？」

流星並不是在宇宙中發生的現象，簡要的說，它是類似塵埃、石頭的物質，在進入大氣層之際，與大氣產生反應，因而燃燒發光。總而言之，那是在大氣層之內的現象。

但是，從匍匐在地面的我們看來，根本無法分辨大氣層與宇宙的不同。

然而，貼著地面生活、從來沒有去過宇宙的我們，卻能具體的思索數百億年遙遠的宇宙，甚至137億年前發生的事，你們不覺得很偉大嗎？

所謂的自然科學，是試圖將實際發生的現象符合法則，化成算式，並以其為基礎，預測接下來會發生什麼的學問。貼地而行的我們將身邊的種種現象全部收集起來，加以調查研究，就能思索出遙遠太空、4百億光年的盡頭。發生湮滅而被留下的王老五的思考力很驚人吧？（笑）

第谷．布拉赫為什麼主張地心說？

只不過，從另一個角度想，現在思考的宇宙論也有可能是錯誤的。

從前古老的時代，人們都相信地心說。就是「地球位於宇宙中心，天體繞著

地球運行」的說法。

聽到地心說，大家也許會想：「古代人不懂科學，又因為基督教的聖經那麼寫，所以就相信了。」但日心說與地心說發生激辯，是在大約16∫17世紀，如果單純用「聖經這麼寫所以相信……」的說法，很難服眾。當時也經過理論性的說明、實驗的驗證，然後才確立「地心說是正確的」。

在說到行星運動的部分，我稍微提到過「克卜勒定律」，這位克卜勒的老師，叫做第谷．布拉赫。第谷．布拉赫可以稱得上是地心說急先鋒的人物，非常聰明，他的想法是這樣的。

假設日心說正確的話——表示地球會繞著太陽公轉。這樣的話，夏天和冬天，地球會在正相反的位置（圖92☞），住在地球上的人若是觀測同一顆星，夏天與冬天看到那顆星的角度應該不同。這個角度差叫做「恆星視差」，他認為，如果日心說正確的話，從觀測應該可以看到恆星視差。

圖92＊地心說為什麼正確？

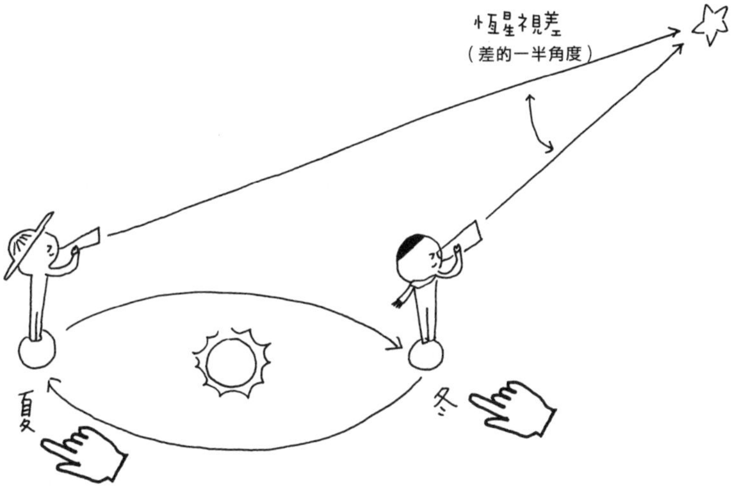

第谷．布拉赫
（1564～1601年）

這個構思非常出色，事實上，現在地球公轉的事實，也是藉由恆星視差來證明的。

那麼，為什麼第谷．布拉赫會得出完全相反的結論呢？

我手邊有一張去參觀筑波「地圖與測量科學館」時拍的照片（圖93），這是當時天體觀測裝置的複製品。一個大量角器上加著一支圓筒。用圓筒觀測星星時，順便測量它的角度（位置）。古代人是用這麼粗糙的裝置來測量天體的。

它只是單純的筒子，連望遠鏡都不是。望遠鏡是後來伽利略製造出來的，第谷．布拉赫的時代還沒有望遠鏡，只用肉眼觀察。

看到這個裝置，各位大概能想像得到，第谷．布拉赫因為缺乏精確的裝置，而無法觀測到恆星視差。他測量不出夏天與冬天觀測恆星的角度差距，因為沒有差距，以為星星在同一個位置。所以，他得出地球並沒有在動的結論。

圖93＊地圖與測量科學館

實驗技術改變了理論

舉個例子，以天狼星來說——它是恆星中最亮的一顆，所以第谷．布拉赫非常有可能觀測過這顆星——它的恆星視差相當於幾度呢，答案是0．0001度。以這種量角器的水準，肉眼絕對看不出來的嘛……。

在此先聲明一點，第谷．布拉赫是當時世界首屈一指的天文學家，他肉眼的觀測，也能達到人類最高的精確度。即使如此，還是完全不足以觀測到恆星視差。第一次觀測到恆星視差，是在3百年後的一八三八年。

恆星視差的構想（理論）極為卓越，但因為觀測裝置落後，測量不出來，結果導致完全相反的結論。

但是，我說的並不是笑話，這個故事在科學上隱含著非常重要的意義。

在測量不到恆星視差的時代，地心說**在明確的證據**下，成為正確的理論。但是，後來科學技術發達，一旦測量得出這個角度時，相反的理論便成為正確了。

觀測或實驗的不足，導致了完全相反的結果。

由此可見，現在確立的理論，雖也經過多方觀測結果或實驗結果而被視為「正確」，但是當時代進步，能夠做到更精密的觀測或實驗時，很有可能截然不同的理論才是「正確」的。

理論是否正確，必須經過連續不斷的實驗與觀測，一再的立證、補充、修正才能確認。這個過程，相信聽了4次演講的各位已經有了清楚的概念。

我現在從事微中子的研究，但確定微中子「有質量」是21世紀以後的事。在我讀大學的時候，課本都還是在「微中子沒有質量」的前提下編寫而成。這只是單純因為「無法測定」，是實驗技術的問題。

第四章說到宇宙的元素構成比。科學家檢測恆星傳到地球的光譜，查知該星與地球之間有什麼樣的氣體（物質）。結果算出宇宙中氫占92.4%、氦占7.5%、其他占0.1%的比例。（圖79）。

各位，你們不覺得有點怪怪的嗎？再怎麼說，這些都只是地球附近的狀態吧？是從地球看得見的範圍來得的結論，在我們看得見的恆星以外，還有更多未知的領域，然而，我們卻敢斷定它就是宇宙的構成比例。

如此這般，宇宙的概念裡包含了相當大的假設成分。我們假設地球的附近是宇宙平均的樣貌，**用地球看得見的範圍、地球可以得知的資訊**，來解說宇宙。或許從離地球較遠的位置觀測，宇宙會有不同的面貌也說不定。就像測量宇宙背景輻射，從人造衛星的軌道（COBE）上測量，與從拉格朗日點（WMAP）觀測到的便完全不一樣（圖46）。

隨時都可以改寫

還記得愛因斯坦說的話嗎？愛因斯坦在自己的方程式中加入了宇宙常數。他認為「宇宙必須維持安定」，為了解釋不膨脹的宇宙而強迫加入的數，但他過世前卻說：「那個常數錯了，早知道不該加進去。」但時至21世紀，大家發現宇宙常數並沒有錯。諷刺的是，它的復活並不是為了「讓宇宙不膨脹」，而是為了

「膨脹中的宇宙」模型有更進一步的發展。

第谷・布拉赫和愛因斯坦留下的功績，都以與本人意圖相違的形式，由後人撿拾起來，發揚光大。

宇宙論的發展歷史在我的講述中，好像是一條筆直的康莊大道。也許你們看起來，這條路充滿了優秀的學者、他們思索出的想法全部都正確，可以像剛才的年表一樣井然排列。但其實大錯特錯。幾乎所有的研究都失敗了。堆積如山的失敗殘骸中，只有絕少一點點成功殘留下來——因為失敗的研究很快就被忘記——用那些極少的成功理論排列，才形成了那麼美麗的宇宙年表。

就算是這麼辛苦完成的年表，我們也不知道它是否真的正確。當時代再幾個輪轉，到了下一世紀，當人類真正能踏出宇宙時，很可能現在認為正確的理論，被發現「啊根本都錯了」而全面改寫。但是，我認為這並不是科學的缺陷或錯誤，不斷的改寫才是科學的真正面貌。

我在最後把這個想法傳達給大家，作為這次演講的結語。

後記

這本書是我的第2本著作。

在第1本《酷斃了的實驗》中，透過解說微中子這種基本粒子的實驗，向大家介紹「基本粒子物理學」。托大家的福，《酷斃了的實驗》相當暢銷，因此借這個機會向各位表達我的謝意。

謝謝各位。

身邊的朋友也有很多人讀過，給予我各式各樣的感想。而其實，提筆寫第2本書的動力，正是來自這些朋友的這種感想。

「哇，多田老師，這本書非常好懂耶。只是第四章有點……」

那本書的第四章，說的是宇宙的開始與粒子物理學的關係。但是由於內容份量非常豐富，很難收在一章裡，所以有一點強迫填塞的狀態。因此我自己也覺得，跟其他章比起來，第四章可能不太親民……，一直盼望能夠有個機會，把它寫得更詳細、更簡單一點。

就在這個時候，位於台場的「東京文化文化」活動空間策劃人植田泰利先生問我：「能不能辦一場講解黑洞的演講？」演講完之後，獲得意想不到的好評，於是便決定「下一次以宇宙為主題再辦一場吧。」

當時，我心中已經想到「把演講辦成一系列，再規畫成一本書」的點子，這樣不就可以一雪前作《酷斃了的實驗》第四章的前恥？還可以把當時沒說完的宇宙與基本粒子關係，盡情的說明清楚啊。

抱著這個念頭，我在東京文化文化連續舉辦了4場演講，而本書《跟著怪咖物理學家一起跳進黑洞》便是根據講述內容撰寫而成。

這本書的結構是以「黑洞」、「大霹靂」、「暗物質」等大眾都有興趣的題材為重點，最後一章再進入中心主題「宇宙是怎麼形成的」。其中也會提到與基本粒子相關的題材，如果有讀過前作《酷斃了的實驗》，對基本粒子物理學稍有一點點概念的話（或者現在才想去買來讀的話），應該會加深對本書的理解。（打書、打書！）

本書有一節解說宇宙物質的構成比（292頁），提到一般物質與暗物質各占有全宇宙的百分之幾。這個數值在我演講時還是一般認為最正確的值，但是，就在寫這篇文章的時候（二〇一三年3月），歐洲太空總署發表了觀測衛星「普朗克」最新的觀測結果，修正了原先的構成比。同時，哈伯常數也做了微調（因而宇宙的年齡也有了改變）。在意細節的人，可能對這個數值不太滿意（笑），所以我在這裡特別澄清一下。

在本書裡也說明過，只要觀測的精確度提高，這類的數值都會再三的修改。請重新回想一下我前面說過的，我們只是貼行在一個行星的表面，用思考去馳騁在從沒去過，也無法到達的遙遠宇宙。當目擊到數值的改寫時，不妨雀躍的告訴自己「現在，我正是歷史的目擊者啊！」

再說一次，重要的不是取得的數值結果，而是「思考的方法」。

最後，我要感謝給我寫書動機的植田泰利先生、每次都來東京文化文化聽我演講的各位觀眾、還有這次根據我拙劣的簡報資料、畫出比前作更多插圖的插畫家上路直子小姐、為比一般書籍麻煩數倍的內文設計版型的設計師岡田玲子小姐、設計完美書封的鈴木成一先生，還有不論何時，當我寫不出來就去打擾，但從來不會板著臉，而且把本書編成這麼精彩的編輯高良先生（如果不是他，這本書無法完成！）。當然最要感謝的，還是正在讀這本書的各位讀者。

感謝大家！

二〇一三年四月二十四日

多田將

攝影：大北浩士

圖解

跟著怪咖物理學家一起跳進黑洞！

——一次搞懂當今最熱門的宇宙議題

2016年3月初版
2017年8初版第三刷

Printed in Taiwan.

定價：新臺幣420元

著者 多田將
插畫 上路直子
譯者 陳嫻若
審訂 徐毅宏
叢書主編 李佳姍
封面設計 捌子

出版者 聯經出版事業股份有限公司
地址 台北市基隆路一段180號4樓
編輯部地址 台北市基隆路一段180號4樓
叢書主編電話 (02)87876242轉229
台北聯經書房 台北市新生南路三段94號
電話 (02)23620308
台中分公司 台中市北區崇德路一段198號
暨門市電話 (04)22312023
郵政劃撥帳戶第0100559-3號
郵撥電話 (02)23620308
印刷者 文聯彩色製版印刷有限公司
總經銷 聯合發行股份有限公司
發行所 新北市新店區寶橋路235巷6弄6號2F
電話 (02)29178022

總編輯 胡金倫
總經理 陳芝宇
社長 羅國俊
發行人 林載爵

行政院新聞局出版事業登記證局版臺業字第0130號

本書如有缺頁，破損，倒裝請寄回台北聯經書房更換。 ISBN 978-957-08-4700-0 (平裝)
聯經網址 http://www.linkingbooks.com.tw
電子信箱 e-mail:linking@udngroup.com

國家圖書館出版品預行編目資料

跟著怪咖物理學家一起跳進黑洞！
：一次搞懂當今最熱門的宇宙議題/多田將著．
陳嫺若譯．初版．臺北市．聯經．2016年3月(民105年)．
412面．14.8×21公分（圖解）
ISBN　978-957-08-4700-0（平裝）
[2017年8月初版第三刷]

1.宇宙　2.通俗作品

323.9　　105002428